捕鯨問題の
歴史社会学

近現代日本におけるクジラと人間

A Historical Sociology of the Whaling Issue:
Relationships between Whales and Human Beings in Modern Japan

渡邊洋之=著

東信堂

はしがき

　「クジラ」という言葉を聞いて、現在の日本に生きている読者は何を思い浮かべるだろうか。

　真っ先に思い浮かべるのは、いわゆる捕鯨問題についてであろう。確かに捕鯨問題は、国際捕鯨委員会の年次会合が開催される度に、それに関する報道が一定の割合でなされることからもあきらかなように、日本と深く関わっている問題であると言える。しかしそこで伝えられていることは、特に1987年末よりの捕鯨モラトリアム以降の、捕鯨をめぐる国家間の対立構造であり、そしてその構造内における、捕鯨の実行を強く望む日本の主張や立場についてである。その中でも最近では、「クジラが人間にとって有用な魚介類を大量に食べてしまっている」という主張が、より強くなされ、また広く紹介されているように思われる。

　あるいは年輩の方であれば、食卓に並んだり、または学校給食として出されたりした、鯨肉のことを思い出すであろう。そしてこの経験と記憶が、今日なされている「捕鯨禁止は欧米による日本への文化的押し付け」という主張に、漠然とした説得力をもたせているのかもしれない。

　本書は最終的には、この捕鯨問題に対して一つの意見を述べるものとなっている。ただしそれは、自然科学的な事実を評価することでなされているわけではない。私が選んだのは、クジラと人間のかかわりの歴史をあきらかにしていくことである。なぜ歴史なのだろう。それは、前述した対立構造を脱していくためである。そのためには、自らの正当性を強力に打ち出すのに躍起になるのではなく、今一度冷静になる必要がある。冷静になるということは、自らの立場を相対化してみる、あるいは客観視してみるということであり、それには内省という作業が伴うこと

になろう。この内省という作業は、過去の一つ一つの出来事を振り返って、それらについてじっくりと考察していくことであるはずである。そして私は、この考察に際して、社会学的な分析枠組みを用いることにしたのである。

　この歴史をあきらかにしていくという作業の中では、そのあきらかにしたものが、一人一人のクジラとのかかわりの経験と記憶とは異なったものとされる場合があるかもしれない。しかしながら私は、その一人一人の経験と記憶にあらがおうと考えているわけではない。ただその一人一人の経験と記憶の背後には、見えなくなっていた何かがあったということを知ってほしいのだ。これに対して私があらがおうとしているのは、一人一人の経験と記憶ではなく、むしろ様々な力がそれを一人一人から奪い去ることによって構築することとなった、集合化されている経験と記憶である。そしてこの集合化されている経験と記憶は、捕鯨問題においては、日本の「伝統」や「文化」と名付けられている。

　ゆえに本書は、捕鯨擁護の本でもなければ、反捕鯨の本でもないと言える。この本はそれらのようなものではなく、一人一人の前に一つ一つの出来事とその解釈を示すことで、集合化された立場から脱し、これからのかかわりについてともに考えていくことを、呼びかけるものなのである。

目　次／捕鯨問題の歴史社会学

はしがき ——————————————————————————— i

序章　本書の課題 ———————————————————————— 3
　1．はじめに ————————————————————————— 3
　2．捕鯨問題の現在 ——————————————————————— 6
　3．分析視角 —————————————————————————— 7

第1章　近代日本捕鯨業における技術導入と労働者 17
　1．課　題 ——————————————————————————— 17
　　1．1　問題の所在 —————————————————————— 17
　　1．2　時期区分の設定 ———————————————————— 19
　　1．3　労働者の構成と位置 —————————————————— 24
　2．ノルウェー式捕鯨の導入過程 ———————————————— 30
　　2．1　捕獲活動における技術の導入過程 ———————————— 30
　　2．2　処理活動における技術の導入過程 ———————————— 38
　3．母船式捕鯨の導入過程 ——————————————————— 45
　4．小括 ———————————————————————————— 50

第2章　経験の交錯としての暴動
　　　　――「東洋捕鯨株式会社鮫事業場焼き打ち事件」の分析―― 57
　1．はじめに —————————————————————————— 57
　　1．1　本章の課題 —————————————————————— 57
　　1．2　分析視角 ——————————————————————— 58
　2．事例 ———————————————————————————— 62
　　2．1　事件の概要 —————————————————————— 62
　　2．2　用いる資料 —————————————————————— 64
　　2．3　漁民たちの家計について ———————————————— 65
　　2．4　原因についての漁民の語り ——————————————— 69

2．5　恵比須と公害―語りの分析― ── 72
　　2．6　軍隊経験の意味 ── 75
　　2．7　事件のその後 ── 79
　3．小括 ── 83

第3章　クジラ類の天然記念物指定をめぐって
　　　　　　―産業としての野生生物の利用を考える― ── 91
　1．はじめに ── 91
　2．天然記念物の保存要目について ── 92
　3．スナメリの天然記念物指定をめぐって ── 95
　4．コククジラの天然記念物指定をめぐって ── 98
　　4．1　第二次世界大戦以前の漁業関係の規制 ── 98
　　4．2　天然記念物指定の経緯 ── 102
　5．小括 ── 106

第4章　近代日本における鯨肉食の普及過程 ── 115
　1．はじめに ── 115
　2．鯨肉食普及への働きかけと条件 ── 116
　3．鯨肉食普及の時期と程度―アンケートの分析を通して― ── 122
　　3．1　用いる資料 ── 122
　　3．2　鯨肉を食べる地域の割合について ── 125
　　3．3　初めて鯨肉が入った時期 ── 128
　　3．4　食する鯨肉の種類 ── 131
　　3．5　鯨肉を食べる日・食べない日について ── 133
　4．小括 ── 138

第5章　「乱獲の論理」を探る
　　　　　　―捕鯨関係者の言説分析― ── 143
　1．はじめに ── 143
　2．第二次世界大戦後の日本捕鯨業の展開 ── 145

3．第二次世界大戦以前の捕鯨関係者の言説 ———————— 154
   3．1　豊秋亭里遊の「捕鯨観」———————————————— 154
   3．2　岡十郎の「永久無尽説」———————————————— 158
   3．3　馬場駒雄の「独占」論 ————————————————— 160
 4．第二次世界大戦後の捕鯨関係者の言説
   ―「語られない」ことの意味をめぐって― ———————— 165
 5．小括 ————————————————————————————— 169

終章　捕鯨問題における「文化」表象の政治性について ― 177
 1．議論の総括 ———————————————————————— 177
   1．1　複数のかかわり ———————————————————— 177
   1．2　かかわりの単一化 ——————————————————— 181
 2．「捕鯨文化論」批判 ———————————————————— 183
   2．1　M・M・R・フリーマンらの「捕鯨文化論」とその批判 — 183
   2．2　高橋順一の「捕鯨文化論」とその批判 ————————— 187
   2．3　複数に向き合うこと —————————————————— 193
 3．結語 ————————————————————————————— 196

あとがき ———————————————————————————— 203
引用文献その他 ——————————————————————— 205
索引 ——————————————————————————————— 216

凡　例

1）引用文献は著者名と年号、頁をカッコ（　　）に入れて本文中に挿入するとともに、本書末尾に著者名アルファベット順に並べてある。なお、著者名が不明の場合は、文献題目で代用し、ウェッブページについては、題目とアドレスで代用した。これらについては、それぞれ独立させ、章ごとに分類し、本書末尾にアルファベット順に並べてある。
2）本書の引用・文献の明示（資料を含む）においては、JIS コード（シフト JIS）にない漢字を JIS コードにある字体で代用するなど、著者・人物名を含む一部の漢字の字体に変更を加えている。また、JIS コードにない一部のカッコも、JIS コードにある類似したカッコで代用した。
3）引用文中のふりがなは省略し、引用文・文献の明示の中に筆者（渡邊）の説明が必要になった場合には、カッコ〈　　〉に入れてそこに加えた。また、読解不能な文字は「□」で表記した。

捕鯨問題の歴史社会学
―近現代日本におけるクジラと人間―

序章
本書の課題

1. はじめに

　1932年に二十歳という若さで文壇に登場し、1945年にルソン島で戦病死した探偵小説家・大阪圭吉の残した作品の中に、「動かぬ鯨群」というものがある（大阪、1936（2001））。

　ストーリーはこうだ。ノルウェー式捕鯨船北海丸がしけにあって沈没してから一年後のこと。砲手であるつれ合いを亡くした女は、乳飲み子を抱え、根室港にある酒場で働くようになるが、その店のガラス戸越しに、死んだはずの砲手の姿が現れる。その場を離れた砲手の後を追った女に対して、砲手は、無性に子供に会いたいが自分は狙われている、子供を連れてきて一緒に逃げてくれと訴える。はたして子供を連れて戻ってみると、無惨にも砲手は捕鯨用のモリで貫かれていた。砲手は「釧路丸の船長だ」と叫んで息絶える。

　釧路丸は、2隻の捕鯨船の所有が許可されていた北海丸の所属会社の、もう一つの捕鯨船であった。早速警察は釧路丸の捜索に乗り出した。しかし釧路丸は、すでに港を出ていってしまっていた。さらに警察は所属会社の社長に事情を聞くが、社長は何やら隠しごとがある様子である。

　水産局の監視船は、警察官と、真相究明を買って出た水産試験所所長

を乗せて、釧路丸を捕まえるべく出港する。監視船が鯨群発見の無線電信を打つと、釧路丸は姿を現し捕鯨を開始する。その隙に監視船は釧路丸に近づき、停船命令を出す。そして釧路丸に警察官や水産試験所所長が乗り込むと、そこには、死んだはずの北海丸の船長以下乗組員全員がいたのだ。

　水産試験所所長は、真相を以下のように推理する。北海丸の所属会社は、北海丸を沈んだことにし、そのかわりにもう１隻の捕鯨船を建造することで、こっそりと３隻の捕鯨船で事業を行って、その能率をあげていたのである。偽の釧路丸を名乗った沈んだはずの北海丸は、当然根室付近の港に寄港することはできない。しかしつれ合いと子供のいる砲手は、やがて郷愁が芽生え船から脱走する。そして、秘密の発覚を恐れた偽の釧路丸の船長によって、殺人が引き起こされることになったのである。

　この作品はもちろんフィクションである。しかしこの作品は、我々に多くのことを教えてくれる。それは、かつては日本の捕鯨船にはノルウェー人砲手が雇われていたということや、クジラの保護のために、政府によって捕鯨船が全体で30隻に制限されていたということである。それはまた、この時期には、北海道東部や日本の植民地であった朝鮮半島沿岸といった、当時の「日本」の境界線付近において捕鯨がなされていたということである。そしてそれは、この作品のライトモチーフとなっている、「仔鯨」（大阪、1936（2001））を撃つということが、捕鯨にとって何を意味していたのかということでもある。

　北海丸が沈没すると、港の年輩の人々の間では、「仔鯨」を撃ったことによるクジラの祟りではないかという風説がささやかれていた。また監視船が偽釧路丸に停船命令を出す直接の理由は、この船が違法とされる「仔鯨」撃ちを目の前で行ったからである。さらに、「仔鯨」が撃たれるとその場にクジラはとどまるので捕獲しやすくなり――「動かぬ鯨

群」とはそういうことである——、ゆえに偽釧路丸の船長は、脱走した砲手に「仔鯨」撃ちを命じていたとされている。そして作者は、「仔鯨」がいると親鯨は動きが遅くなり、一年間行方不明だった砲手のように、子供を置いてきぼりには絶対にしないと書いて、この作品を終えるのである。

　だが、後に詳しく歴史を見ていくことであきらかになるように、隻数が30隻に制限されていた時に、「仔鯨」そして「仔鯨」を連れているクジラの捕獲は禁止されていたわけではなかった。むしろ親子連れのクジラは、最もふさわしい捕獲対象となっていたのである。しかしながら我々は、この作品から、クジラという巨大で命あるものに、そしてそれを殺すという現実に直面したときの人々の感情の動きと、その感情の動きに対する小説家の想像力を読みとらなければならない。砲手が子供に無性に会いたくなったのは、「仔鯨」を撃つという日常への報いが、自分の子供に及ぶと考えたからだろうか。砲手が殺されたことは、クジラの祟りであるとして、港の人々の間でまた語られていくことになるのであろうか。

　ともあれ、我々の見聞きしている「捕鯨問題」は、このような想像力が入りこむことを、許さないようなものになっているように思える。それは、人々の感情の動きが無視されているということではない。人々の感情の動きは、組織化され、固定化され、制度化されることで、むしろ積極的に「捕鯨問題」の議論の中へ組み込まれようとしている。排除されているのは、他の人々の感情の動きを想像することで、一つのものに固められた自らの感情の動きを、開かれたものにしようとすることである。

　そのように感情の動きを開いていくために、と言ってもよいだろう。捕鯨問題は、今ここで分析されなければならないのである。

2．捕鯨問題の現在

ではその捕鯨問題の現状は、どのようなものとなっているのであろうか。

1982年に国際捕鯨委員会（International Whaling Commission、以下ＩＷＣと略）の総会において可決された捕鯨モラトリアム（一時停止）は、1987年末よりその実施が現実になされ、それから今年（2005年）で18年が経過しようとしている（捕鯨問題の経緯全体については、表5-1を参照）。その間、南極海がサンクチュアリ（保護区・禁漁区）に指定される一方、アイスランド、ノルウェーといったいわゆる捕鯨国が、ＩＷＣを脱退したり商業捕鯨を再開したりするなど、捕鯨をめぐる国家間の対立構造は維持されたままであった。

とはいえ捕鯨業は、かつてのような規模の大きな産業としては、もはや成立が困難な状況となっている。クジラの乱獲、とりわけ爆薬を装填したモリを打ち込む捕鯨砲を汽船の先端に装置し、それによってクジラを捕獲するノルウェー式捕鯨の開発（19世紀後半）以降1960年代までの間の乱獲によって、捕鯨対象となった鯨種のいくつかは、その生息数に壊滅的な打撃を受けた。例えば、地球上最大の動物であるシロナガスクジラ（体長21〜27m、体重100〜120 t （Carwardine, 1995＝1996：36-37、68-71））は、主要な捕鯨海域であった南極海では、最盛期（1930／31年漁期）には一年次で約3万頭捕獲されたのだが、現在では約500頭が南極海を回遊しているに過ぎないという（加藤、1991；川端、1995：265；大隅、1994）。ゆえに、それらの多くが捕獲禁止となっており、現在ＩＷＣにおいて主に議論されているのは、地球上で約100万頭生息しているとされ（桜本編、1991：256）、ナガスクジラ科の中で最も小型の種であったために乱獲を免れた、ミンククジラについてとなっている[1]。

周知のように日本は、捕鯨国としてＩＷＣにおける議論の渦中に身を

置いている。日本は捕鯨モラトリアム以降、様々な生物学的情報を収集するということで行われる調査捕鯨（鯨類捕獲調査）を、1987年より南極海で、また1994年より北西太平洋でそれぞれ実施している。そして、2003年7月現在の記述で、ミンククジラを対象として南極海において、さらにはミンククジラ・ニタリクジラ・イワシクジラ・マッコウクジラを対象として北西太平洋において、調査捕鯨を行うとしている（「鯨類の捕獲等を巡る内外の情勢　平成15年7月」：http://www.jfa.maff.go.jp/whale/document/brief_explanation_of_whaling_jp.htm）。また日本政府は、日本沿岸で行われていた小型沿岸捕鯨[2]は、先住民が食料を得るためや祭祀に用いるために行う捕鯨である原住民生存捕鯨[3]と見なし得る部分を有すると主張し、ミンククジラの捕獲枠を要求し続けている[4]。

　このように捕鯨問題は、特定の野生生物を利用することにあまりに傾斜したために、その生息数の減少のみならず、生態系をも破壊してしまったことで生じた問題である。ゆえに捕鯨問題は、一つの環境問題としてとらえるべきものであろう。本書ではこの捕鯨問題について、歴史社会学的視点から考察を加えることを試みたい。またその考察にあたっては、捕鯨問題についての日本のおかれた特別な位置に鑑み、日本においてなされている捕鯨に関する議論、及び日本の行っていた／行っている捕鯨に対しての議論の検討に集中することにしたい。

3. 分析視角

　さてその日本における議論において、一つの到達点に達していると考えられるのが、秋道智彌と森田勝昭の論考である（秋道、1994；森田、1994）。この両者の考察の結論は、実際ほぼ同様なものとなっている。それは、クジラと人間のかかわり[5]の「多様性」を強調した上で、人類学的研究の成果を取り入れて、秋道においては環太平洋地域で生活する

先住民及び「非西欧人」の、森田においては現在の日本国内のいくつかの地域で生活する人々の、捕鯨というかたちでのかかわりの中で有していた、「狩猟や漁撈にともなう緊張感、動物にたいする恐れと畏怖、超自然観など」（秋道、1994：203）、あるいは「自然を利用し共存しながら蓄積してきた経験や知識」（森田、1994：420）を、これからのクジラと人間との新たなかかわりの中に生かそうとするものである。ゆえにこの両者は、欧米を中心としたある種クジラを擬人化したかたちでの反捕鯨論だけでなく、捕鯨モラトリアム成立以降の日本においてとりわけ流布された、鯨肉食を「日本人」独自の「伝統」とするような、国家・民族主義的な捕鯨擁護論を否定している。そして特にこの、国家・民族主義的な捕鯨擁護論の否定ということは、従来の議論にはなかった、新たなかつ評価し得る視点となっている。

　秋道と森田が前述したかたちでの反捕鯨論と捕鯨擁護論を否定した理由は、これらを含む捕鯨に関する議論が、ＩＷＣの場でのものも含め、政治的なものとして立ち現れていることに対するアンチテーゼであると考えられる。そしてこの両者は、クジラと人間とのかかわり、とりわけ捕鯨というかたちでのかかわりを、「文化」としてとらえることを主張することになるのである。森田においてはこの「文化」は、政治的な主義主張を破壊する、実証的に確認されるという意味での科学的なものとなることが要求されている（森田、1994：415-416）。一方秋道は、科学によって捕鯨問題を語ることは、クジラを「資源」と見なしそれを量的な存在へと還元する、科学主義という一つのイデオロギーによるものであると否定的に理解しており（秋道、1994：201-202）、そこで「文化」を民族誌というかたちで記述することで、「科学でも政治でもないクジラとヒトの物語を描いてみたい」（秋道、1994：ⅰ）と考えるのである。

　しかし、「文化」を表象する民俗学的・人類学的研究が、政治的なものを全く含まないということは考えられない。実際のところ、近年の民

俗学・人類学における内省的な研究においては（例えば、Clifford, 1988＝2003；Clifford and Marcus eds., 1986＝1996；岩竹編訳、1996；Marcus and Fischer, 1986＝1989）、「文化」を表象する研究者の政治的側面が取り上げられている。すなわちある「文化」は、特定の歴史的・社会的条件のもと、他の「文化」との関係において研究者によって意識的に表象されるというのである。同様にその「文化」にもとづく人々のアイデンティティも、固定的なものではなく政治的につくられるものである。そして、「文化」を表象する研究者の活動が、近代以降、国家や民族が構築されるにあたって一定の役割を果たし、今日においてそれらが再構築される際にも、その役割を果たし続けていることがあきらかにされているのである。

　このような民俗学的・人類学的研究における近年の動向をふまえるならば、秋道や森田が示した「文化」という主張も、詳細に検討する必要があると考えられる。はたして捕鯨というかたちでのクジラと人間とのかかわりを、「文化」としてとらえること自体は、全く政治性をもたないのだろうか。また日本の捕鯨は、欧米の捕鯨と比較することで、先住民の捕鯨と同等に扱えるものなのだろうか。

　秋道は実際のところ、人類学者のM・M・R・フリーマンと高橋順一が中心となって行われた日本の小型沿岸捕鯨の調査に参加している。また森田は、同調査の報告（Freeman et al., 1988＝1989）とともに、高橋自身の研究（高橋、1987、1991、1992）に全面的に依拠している。よってこれらを取り上げて、検討を加える必要があるということになろう。

　詳細は後述するが、フリーマンらは、「人類学者の意味する『文化』とは一般に、社会化の過程を通してひとつの世代から次の世代へと受け継がれる『共有された知識』を意味する」（Freeman et al., 1988＝1989：44）と述べている。その上でフリーマンらは、「ここで言われている捕鯨文化とは、数世代にわたり伝えられ捕鯨に関連した共有の知識であると言うことができる。この共有知識は、コミュニティーの人々に共通し

た伝統や世界観、人間と鯨との間の生態系的（霊魂も含む）および技術的な関係の理解、特殊な流通過程、それに食文化など、数多くの社会的、文化的諸要件により構成されている。〈改行〉日本の捕鯨文化において人々が共有する遺産は、長い歴史をもつ伝統に根ざしている。その意味において捕鯨文化の基本は歴史性であり、鯨や捕鯨にまつわる神話や民話その他の物語とつながっている」(Freeman et al., 1988＝1989：165-166)とすることで、「捕鯨文化」というものの存在について語ろうとしている。

また高橋は、最終的には、「ヒトが自ら棲息する生態学的環境の中にある資源を、探索・発見し、獲得し、処理・加工し、さらにそれを分配して、消費する、そのために必要な知識、技術、社会組織の統合された総体的なシステム」を「文化」であると操作的に定義している。そして、「捕鯨活動を基礎として特定の人間集団において、その社会的、経済的、技術的、精神的な諸要素が有機的に結びついた独特の生活様式が成立する」という現象が見られたとき、それを「捕鯨文化」と呼び得ると述べる（高橋、1992：19、21）。そのように述べた上で、高橋は、かつて日本で行われていた／現在の日本で行われている、大型の動力船を用いた大型沿岸捕鯨や、主に鯨肉と鯨油を産出するための、鯨体処理と加工設備をそなえた工船を基地として行われる母船式捕鯨と、網捕り式捕鯨、すなわち17世紀末に確立された、鯨組と呼ばれる捕鯨者集団による、クジラを追い込み網にからめて捕獲し処理する方式を、主に捕獲活動と処理活動の技術の部分で比較する（高橋、1992：90-116）。その結果、「日本の沿岸という北西太平洋の端に位置する海洋的な環境の中で、鯨という資源を利用するという生業（あるいは産業）活動を中心に形成された文化」である日本の「捕鯨文化」において、網捕り式捕鯨と大型沿岸捕鯨・母船式捕鯨は、「表面的な形態上の差異にもかかわらず、非常に多くの共通点が存在し〈中略〉それらの共通点は、日本の捕鯨を特徴づけ

る基本的な部分に多く集まって」いるとするのである（高橋、1992：28-29、113）。なお高橋は、そのことを示すものとして、所属する地域集団や親族集団、所有する知識・技術などの相違に見られる、捕獲活動と処理活動の明確な分離が持続している点をまずあげている。さらには、産出される鯨肉の消費法における「伝統」のもつ安定性による、処理活動の技術・工程の連続性と保守性や、操業者（鯨組・捕鯨会社）と漁場・処理場のある地域との互酬関係も、そのことを示すものとしてあげられているのである（高橋、1992：90-116）。

このように、フリーマンらと高橋は「文化」、そして「捕鯨文化」について表象しているのだが、そこでは両者とも、歴史に根拠をおいている、あるいは歴史について述べているということがわかる。そこで両者の言説について検討するためには、日本におけるクジラと人間のかかわりの歴史の実際について、あきらかにしていかなければならないということになるであろう。またこの点をあきらかにしていくことは、ある事柄が「文化」として構築される際には、過去と現在との歴史的連続性が政治的意図をもって語られることが指摘されているということに呼応したものでもある。そしてその語りは、ある集団を国家や民族として現出するために、様々な変化の中にあっても、その事柄がその集団の基層をなす不変なものであると実体論的に措定するなどの語りであることに注意したい（例えば、岩竹編訳、1996：20-21、32-40）。

無論、歴史を記述していくことにも、一定の政治性が含まれることは否定できない。確かに確固たる「事実」は過去に存在した。しかしその「事実」の積み重ねは、研究者が一定の立場から表象する、例えば誤ったことを表象するという「虚偽の付加」ではなく、いくつもの「事実」を表象から除外する「真実の削除」という方法によることで[6]、一つの文脈＝意図をもった「歴史」となるのである。よって歴史は、あるパラダイムに従う研究者による、「現在における過去の絶えざる再構築」と

なり得る（上野、1997）。つまり何かを表象することには一定の政治性が含まれるのであり、ゆえにそこでは、「何のために」「どのような立場で」表象するかが問題となる。このことにより、クジラとのかかわりの歴史そのものを含む以下の筆者（渡邊）の記述自体が、捕鯨問題における一つの政治的立場を表していくと言えるのである。

　以上のような分析視角に立って、本書では、クジラと人間のかかわりの歴史についてあきらかにする。とりわけ、近現代におけるクジラと人間のかかわりについて、取り上げていくことにする。その第一の理由は、今日の捕鯨問題を考える上では、人間の諸活動が大規模化・効率化していく近現代という時期においてのクジラと人間のかかわりについて、あきらかにする必要があると考えられるからである。またその第二の理由は、具体的には各章において示していくが、近現代におけるクジラと人間のかかわりについての先行研究がそれほど豊富にあるとは言えず、ゆえに考察を行っていくにあたっては、基本的な事柄をまずはあきらかにしていかなければならないからである。結論部分では、このあきらかにした歴史をふまえた上で、前述した人類学的研究の言説分析を「捕鯨文化論」批判というかたちで行う。最後に捕鯨問題についての政策的な議論を概観して、クジラと人間のこれからのかかわりについて、考察を加えることにしたい。

注
1　クジラ目の種類は、異論や新種の発見の可能性により確定していないが、現在のところ80種ほどが知られている。国際捕鯨取締条約には「クジラ」の定義がなされていないので、ＩＷＣ加盟国政府のいくつかは、すべてのクジラ目の生き物がＩＷＣの管轄となっているとしている（' Taxonomy of Whales ' : http://www.iwcoffice.org/conservation/cetacea.htm）。これに対して日本政府は、ＩＷＣの管轄となっているのは、セミクジラ科のセミクジラとホッキョククジラ、コセミクジラ（科）、コ

ククジラ（科）、ナガスクジラ科の 6 種（重い順に、シロナガスクジラ、ナガスクジラ、ザトウクジラ、イワシクジラ、ニタリクジラ、ミンククジラ）、マッコウクジラ（科）、アカボウクジラ科のトックリクジラとミナミトックリクジラの13種であるとしている。ゆえに日本政府は、今日日本の沿岸において捕獲されているアカボウクジラ科のツチクジラやマイルカ科のゴンドウクジラ類は、ＩＷＣの管轄になっていないと理解しており、そしてそれらは、日本政府によって捕獲頭数が規制されている（藤島・松田、1998：115-116；「鯨類の捕獲等を巡る内外の情勢　平成15年 7 月」：http://www.jfa.maff.go.jp/whale/document/brief_explanation_of_whaling_jp.htm；「小型捕鯨業に関する基礎知識」：http://homepage2.nifty.com/jstwa/kisochisiki.htm)。なお、日本政府がＩＷＣの管轄となっているとしている鯨種は、その多くが商業捕鯨による主要な捕獲対象となった、比較的大型のものである。ちなみにＩＷＣは、「セミクジラ」を 3 種、「ミンククジラ」を 2 種に分けており、「トックリクジラ」をキタトックリクジラ（northern bottlenose whale）と表現している（'Taxonomy of Whales'：http://www.iwcoffice.org/conservation/cetacea.htm)。

2　日本政府の分類により、商業捕鯨のモラトリアムが実施された1987年の段階での日本の捕鯨は、捕鯨対象鯨種、使用捕鯨船の規模、鯨体の処理法（工船か陸上の処理場か）などの基準にもとづいて、大型沿岸捕鯨、母船式捕鯨、小型沿岸捕鯨の三つに分けられていた（Freeman et al., 1988＝1989：23-25)。このうち小型沿岸捕鯨は、小型捕鯨船を用いて、沿岸で比較的小型の鯨種であるミンククジラ・ツチクジラ・ゴンドウクジラ類を捕獲するものである。

3　商業捕鯨以外でＩＷＣにおいて認められているのが、調査捕鯨と原住民生存捕鯨である。なお、ＩＷＣで用いられる表現が Aboriginal Subsistence Whaling であるので、Aboriginal の訳語である原住民という表現を用いている。

4　1998年に提出された研究によると、日本政府は以下のようなかたちで、小型沿岸捕鯨業に対するミンククジラの捕獲枠を要求したとされている。すなわち、1986-1987年の期間には、小型沿岸捕鯨を原住民生存捕鯨のカテゴリーに含まれる捕鯨であるとし、1988-1992年の期間には、小型沿岸捕鯨は、商業捕鯨・原住民生存捕鯨とは異なる別のカテゴリーの捕鯨であると主張した。そして、1993年以降は、小型沿岸捕鯨は Community-based Whaling であるとし、そこから商業的な側面を可能な限り減らすとした（藤島・松田、1998：120-121）。

　2003年の第55回ＩＷＣ年次会合より日本政府は、小型沿岸捕鯨に対する「暫定救済枠」の要求が15年間否決されていることなどをふまえ、地域社会への貢献と、ＲＭＳ（Revised Management Scheme、改訂管理制度）の実証試験を目的とするとして、小型沿岸捕鯨によるミンククジラの、及び大型沿岸捕鯨によるニタリクジラの捕獲枠（ともに商業捕鯨枠）を、それぞれ年間150頭要求している（「第54回国際捕鯨委員会（ＩＷＣ）年次会合結果」：http://www.jfa.maff.go.jp/release/14.05.31.7.html；「第55回国際捕鯨委員会（ＩＷＣ）年次会合結果」：http://www.jfa.maff.go.jp/release/15.07.07.1.html；「第56回国際捕鯨委員会（ＩＷＣ）年次会合本会合の結果について」：http://www.jfa.maff.go.jp/release/16.0723.03.htm）。ただし、2005年の第57回ＩＷＣ年次会合では、当初は前回・前々回と同様のかたちで、ミンククジラ及びニタリクジラの捕獲枠をそれぞれ年間150頭要求することを計画していたが、実際には小型沿岸捕鯨によるミンククジラの年間150頭の商業捕鯨捕獲枠のみ要求し、ニタリクジラの捕獲枠については要求しなかった（「第57回国際捕鯨委員会（ＩＷＣ）年次会合総会の開催について」：http://www.jfa.maff.go.jp/release/17/050617IWCannualstart.pdf；「第57回国際捕鯨委員会（ＩＷＣ）年次会合総会の結果について」：http://www.jfa.maff.go.jp/release/17/17.0624.02.htm；'2005 Meeting'：http://www.iwcoffice.org/meetings/meeting2005.htm）。

　しかしながら現在、日本政府は、「我が国の沿岸小型捕鯨業は、原住民生存捕鯨と同様、地域社会にとって重要な社会経済的、歴史的意義を有しているとの分析が多数の外国人文化人類学者よりなされ、40編以上の学術論文として10年以上に渡り発表されている。我が国は、この伝統を保持する観点から、1988年以来沿岸捕鯨でのミンク鯨50頭の暫定捕獲枠をＩＷＣに要求している」（「捕鯨班の基本的な考え方」：http://www.jfa.maff.go.jp/whale/assertion/assertionjp.htm）と主張しているので、本文中に著した表現を採用することにした。なおＲＭＳとは、確定した「資源量」から安全な捕獲枠を定める方法であるＲＭＰ（Revised Management Procedure、改訂管理方式）と、合意された捕獲枠を超えないことを保証する査察と監視の制度とを組み合わせたものからなっている

('Revised Management Scheme'：http://www.iwcoffice.org/conservation/rms.htm)。

5 　本書において、人間と生き物（あるいは自然）との関係性について、「かかわり」という表現を用いることは、鬼頭秀一（鬼頭、1996、特に120-131頁）を参考にしている。私自身は、「かかわり」と表現することで、あるものとあるものとの間にあるものを、実体化し本質化するのではなく、絶えず交渉し続けるもの、一つの過程そのものとしてとらえたいとまず考えている。そして、人間と生き物との間にあるものが、人間と人間との間にあるものとはまた別なものであるという意味も、このように表現することで込めたいと思っている。

6 　フリードランダー編（Friedlander ed., 1992＝1994）に収録の、ペリー・アンダーソンの論稿「プロット化について」の136-137頁より。

第1章
近代日本捕鯨業における技術導入と労働者

1. 課題

1.1 問題の所在

　本章では、近代の日本捕鯨業における技術の導入過程をあきらかにする。その作業では、実際の技術導入の担い手となった捕鯨会社の労働者の構成といった、ミクロな部分に特に注目したいと考えている。

　序章でふれたように、人類学者の高橋順一は、「捕鯨文化」という考え方を用いて、この技術の導入過程に関わる議論を行った。高橋は、網捕り式捕鯨と大型沿岸捕鯨・母船式捕鯨を、主に捕獲活動と処理活動の技術の部分で比較して、その連続性を言うことで日本の「捕鯨文化」の連続性を、つまり網捕り式捕鯨と大型沿岸捕鯨・母船式捕鯨の間の連続性を主張した。そしてこの、「様々な歴史的変化の中でも、基層をなしている不変の文化が存在する」とするような高橋の考え方は[1]、いわゆる捕鯨問題に際して日本国内で支配的であった、「捕鯨は日本の伝統文化」という主張を補うものであったと言える。ではこの考え方は、はたして的を射たものと言えるのであろうか。そこで本章では、高橋が比較に用いた捕鯨に関わる技術の導入過程の実際をあきらかにすることで、この考え方が的確かどうかを考察することを、最終的な目的としたい。

その際の分析視角として、「文化」という主張、特にそれが民俗学的・人類学的に「伝統文化」であると主張される時に、その枠組みの中では何をもってその主張の正当性が確保されているのかということを示しておきたい。我々が一般に、「文化」という言葉を聞いて想起するのは、「芸術」とされる領域のもの、とりわけ同時代的な音楽や美術であって、民俗学・人類学において扱われているものではないと思われる。しかしながらJ・クリフォードによれば、19世紀以後、「芸術」と人類学的意味での「文化」は、人類の創造したもの、なかでもヨーロッパがその植民地主義的な拡張の過程で出会うことになった人々の創造したものを、収集し、区別し、保護する戦略として、互いが互いを補強するようになったとされている。つまり、いわゆる「プリミティブ・アート」やそれに影響を受けたモダニズム絵画等を分類し収集する領域である「芸術」と、世界の様々な地域の人々の生活様式総体を分類し収集する領域である「文化」が、ヨーロッパにおいては近代以降、互いに連動する一つのシステムを形成するのである。このような過程の中で人類学者たちは、世界の様々な「文化」それぞれを、あたかも独立した身体のごとく、発育する一つの有機体のように定義し、それら一つ一つを同等の価値のあるものと見なした。そこでは「文化」は、全体性（諸要素が首尾一貫したかたちでまとめられていること）や連続性を有し、そして成長を志向するものとされたのである（Clifford, 1988＝2003：293-298, 433-436, *passim*）。

　以上のような指摘、とりわけ全体性と連続性を有するものとする「文化」の定義をふまえ、私自身は、民俗学的・人類学的に「伝統文化」であると主張される時、その正当性が確保されるためには、必然的に次の二点が、それぞれが組み合わされたかたちで提示されることになっていると考えている。まず一点目は、過去との連続性である。ここ数年来より生じた事柄を「伝統文化」とは言わない。ゆえに、ある事柄を「伝統

文化」と主張する際には、過去との連続性を示さなければならず、またそれゆえに「伝統文化」であるとされた事柄は、ここ数年来より生じた事柄（捕鯨問題に関して言えば、捕鯨禁止を唱える言説として例示されるもの）に対する効果的な反論となり得るのである。もう一点は、「我々」あるいは「我々でない者たち」というカテゴリー化を伴うということである。例えば、「日本の伝統」、「京都の文化」という言い方はされても、「人類の伝統」、「地球の文化」という言い方には違和感を感じるであろう。このことよりあきらかになるのは、「伝統文化」という主張は、「我々」ではない集団化された他者との関係性あるいは比較の上において、つまり全体性を有する一つの有機体である、あたかも独立した身体に類するかのようなものそれぞれを配置することによって、成り立っていると言えるということである。ゆえに日本の捕鯨という事柄について言えば、それを「文化」とすることの正当性は、「西洋」に対する「日本（人）」というカテゴリー化を行わなければ成立しないのである。

　では以下、技術の導入過程の実際を記述し、最後に上の二点に照らし合わせてみることで、技術導入というものの側面から、「捕鯨文化」という考え方の正当性について考察してみることにしよう。

1．2　時期区分の設定

　さて、捕鯨に関わる技術の導入過程の実際を記述する前に、近代の日本捕鯨業の展開過程の時期区分、及び労働者の構成と位置について整理しておきたい。

　近代の日本捕鯨業の展開過程は、次のように時期区分を設定することが可能であろうと考えられる。まず第Ⅰ期（～1896年）は、網捕り式捕鯨の衰退とアメリカ式捕鯨の導入の試みの時期である。18世紀末以降、鯨組の網捕り式捕鯨は不漁に苦しんでいた。その原因には検討の余地もあるのだが、天候や潮流といった自然条件の変化に加え、1820年代以降、

アメリカ式捕鯨船団が日本近海へ来航したためではないかなどと推測されている（森田、1994：315-317）。そして、この網捕り式捕鯨の終焉を象徴する事件が、和歌山県太地のいわゆる「大背美流れ」[2]であった。これに対して、中浜（ジョン）万次郎（1860年代）、藤川三渓（1873年）、關澤明清（1887年）らによる、母船としての大型帆船を中心とし、ボートがモリや、ボンブランスと呼ばれる捕鯨銃を用いてクジラを追うという方式であるアメリカ式捕鯨（例えば、森田、1994：51-124、259-313、317-320；高橋、1992：61-70、77-78）の導入が試みられる。しかし、いずれの試みにおいても、それが定着するには至らなかった（石田、1978：35-36；「關澤明清君の伝」、1897a：35-36；「關澤明清君の伝」、1897b：38-39；森田、1994：324-326）。

　次の第II期（1897〜1908年）は、ノルウェー式捕鯨が導入される時期である。日本の捕鯨会社によるノルウェー式捕鯨、すなわち爆薬を装塡したモリを打ち込む捕鯨砲を汽船の先端に装置し、それによってクジラを捕獲するという方式は、1897年に、長崎において設立された遠洋捕鯨株式会社（以下、遠洋捕鯨と略）[3]及び長崎捕鯨株式会社（鳥巣、1999：336-342）[4]が、操業を開始したことを嚆矢としている（以下、表1-1を参照）。そして、その2年後（1899年）に朝鮮半島近海にて操業を開始した日本遠洋漁業株式会社（以下、日本遠洋漁業と略）の成功によって、ノルウェー式捕鯨は日本捕鯨業において定着することになる。さらに日露戦争後には、いくつもの捕鯨会社が設立され、ノルウェー式捕鯨は日本国内の各地に広がっていった（東洋捕鯨株式会社編、1910：192-268）。

　第III期（1909〜1933年）は、東洋捕鯨株式会社（以下、東洋捕鯨と略）による捕鯨業独占の時期である。日露戦争後に乱立した捕鯨会社は、日本遠洋漁業の後身である東洋漁業株式会社（以下、東洋漁業と略）を中心として合同されることになり、1909年に東洋捕鯨が誕生する。この会社は、日本へ併合される直前の朝鮮半島にあるものを含め20カ所の事業

場と、1909年の農商務省令により30隻に制限された（第5章注2も参照）ノルウェー式捕鯨船のうち20隻（借り入れの2隻を含む）を有することとなる。以降この時期には、東洋捕鯨の独占的な状態が続いていく（東洋捕鯨株式会社編、1910：12-23、268-280）。

　第Ⅳ期（1934～1941年）は、母船式捕鯨の開始と大資本による捕鯨会社の系列化の時期である。いわゆる大恐慌以降の世界的な不況に加えて、鯨油の世界的な増産によるその価格の暴落は、東洋捕鯨の経営を圧迫し、同社は1930年に初めて無配当を決議する。またコククジラ・セミクジラ・シロナガスクジラといった、「資源」として最も有用であるとされていたと思われる比較的大型の鯨種の捕獲が減少するとともに、捕鯨漁場が年々沖合に移動するためによる捕鯨船の大型化の必要性からコスト高も懸念されていた。このような状況において、農林省は1934年に、以前よりも5隻少ない4社25隻に捕鯨船を制限するという告示を出す。また同年、日本産業株式会社によって東洋捕鯨は買収され、後の日本水産株式会社（以下、日本水産と略）捕鯨部となる日本捕鯨株式会社が成立する（馬場、1942：89-94；海洋漁業協会編、1939：93、97-99）。この日本捕鯨株式会社により、1934年に日本の捕鯨業として初の母船式捕鯨が南極海において行われることとなる。また林兼商店はこの動きに対抗すべく、大洋捕鯨を設立し1936年より母船式捕鯨を開始、これと時を同じくして、かねてよりその傘下におさめていた土佐捕鯨株式会社を1937年に買収し同商店捕鯨部とする。さらにこれらに加え、スマトラ拓殖株式会社が捕鯨業に参入、まず鮎川捕鯨株式会社をその傘下におさめるとともに、1937年に極洋捕鯨を設立し、1938年より母船式捕鯨に乗り出した（馬場、1942：94-107）。

　そして最後に第Ⅴ期（1942～1945年）として、母船式捕鯨の中止と統制会社による捕鯨の時期が区分される。太平洋戦争の勃発により、母船式捕鯨は1941年で中止となる。そして、1943年の水産統制令の実施によ

表1-1　近現代日本におけるノルウェー式捕鯨・母船式捕鯨会社の変遷（1897-1945年）

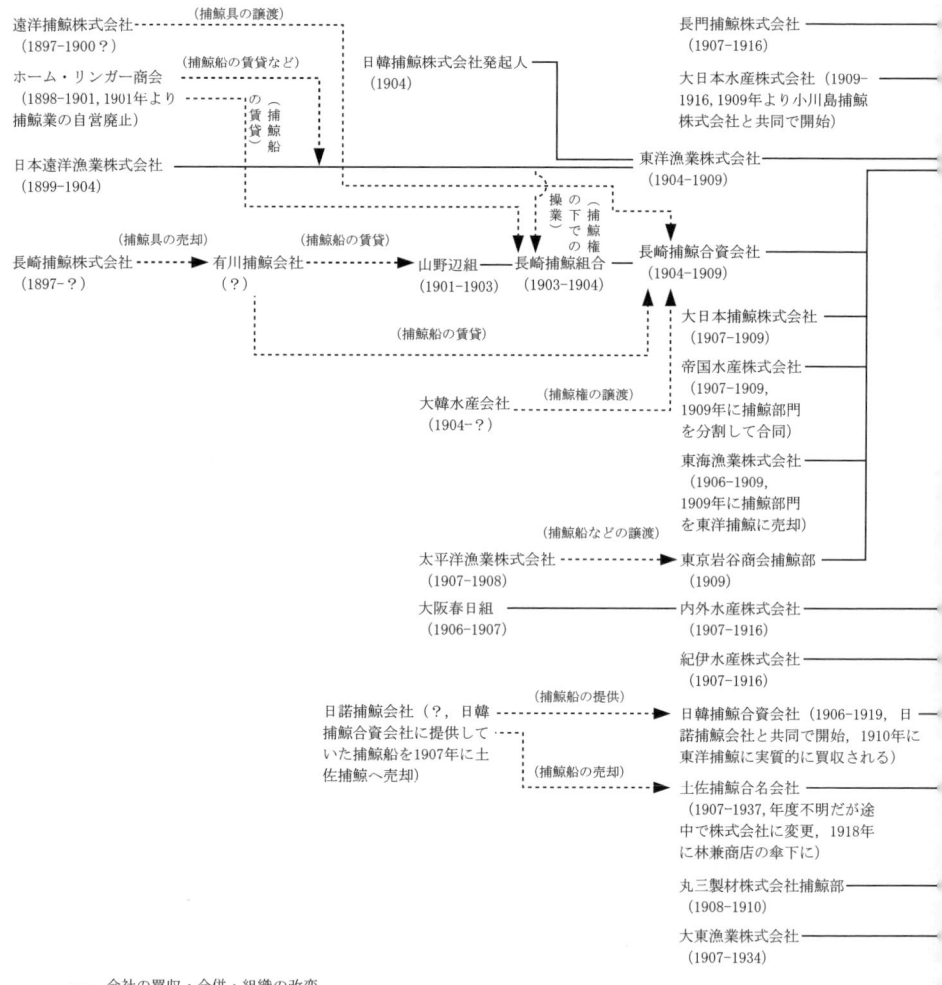

遠洋捕鯨株式会社 (1897-1900？)
　(捕鯨具の譲渡)
ホーム・リンガー商会 (1898-1901, 1901年より捕鯨業の自営廃止)
　(捕鯨船の賃貸など)
　(捕鯨船の賃貸)
日本遠洋漁業株式会社 (1899-1904)

日韓捕鯨株式会社発起人 (1904)

長門捕鯨株式会社 (1907-1916)
大日本水産株式会社 (1909-1916, 1909年より小川島捕鯨株式会社と共同で開始)
東洋漁業株式会社 (1904-1909)

長崎捕鯨株式会社 (1897-？)
　(捕鯨具の売却)
有川捕鯨会社 (？)
　(捕鯨船の賃貸)
山野辺組 (1901-1903)
長崎捕鯨組合 (1903-1904)（捕鯨権の下での操業）
長崎捕鯨合資会社 (1904-1909)

大日本捕鯨株式会社 (1907-1909)

大韓水産会社 (1904-？)
　(捕鯨権の譲渡)
帝国水産株式会社 (1907-1909, 1909年に捕鯨部門を分割して合同)

東海漁業株式会社 (1906-1909, 1909年に捕鯨部門を東洋捕鯨に売却)

太平洋漁業株式会社 (1907-1908)
　(捕鯨船などの譲渡)
東京岩谷商会捕鯨部 (1909)

大阪春日組 (1906-1907)
内外水産株式会社 (1907-1916)

紀伊水産株式会社 (1907-1916)

日諾捕鯨会社 (？, 日韓捕鯨合資会社に提供していた捕鯨船を1907年に土佐捕鯨へ売却)
　(捕鯨船の提供)
日韓捕鯨合資会社 (1906-1919, 日諾捕鯨会社と共同で開始, 1910年に東洋捕鯨に実質的に買収される)
　(捕鯨船の売却)
土佐捕鯨合名会社 (1907-1937, 年度不明だが途中で株式会社に変更, 1918年に林兼商店の傘下に)

丸三製材株式会社捕鯨部 (1908-1910)

大東漁業株式会社 (1907-1934)

―― 会社の買収・合併・組織の改変
➡ 資産（捕鯨船、捕鯨具など）の賃貸・売却・提供、権利の譲渡など

出典：馬場駒雄, 1942,『捕鯨』天然社：35-36, 89-122；極洋捕鯨30年史編集委員会, 1968,『極洋捕鯨30年史』：214-232；前田敬治郎・寺岡義郎, 1952,『捕鯨』日本捕鯨協会：21-35, 43-49；美島龍夫, 1899,『捕鯨新論』嵩山房；農林省水産局編, 1939,『捕鯨業』農業と水産社：3；朴九秉, 1995,『増補版　韓半島沿海捕鯨史』, 釜山：図書出版　民族文化：258-261, 282, 291；大洋漁業80年史編纂委員会, 1960,『大洋漁業80年史』：248-249, 285-300；鳥巣京一, 1999,『西海捕鯨の史的研究』九州大学出版会：336-342, 353-354；東洋捕鯨株式会社編, 1910,『本邦の諾威式捕鯨誌』：183-280.

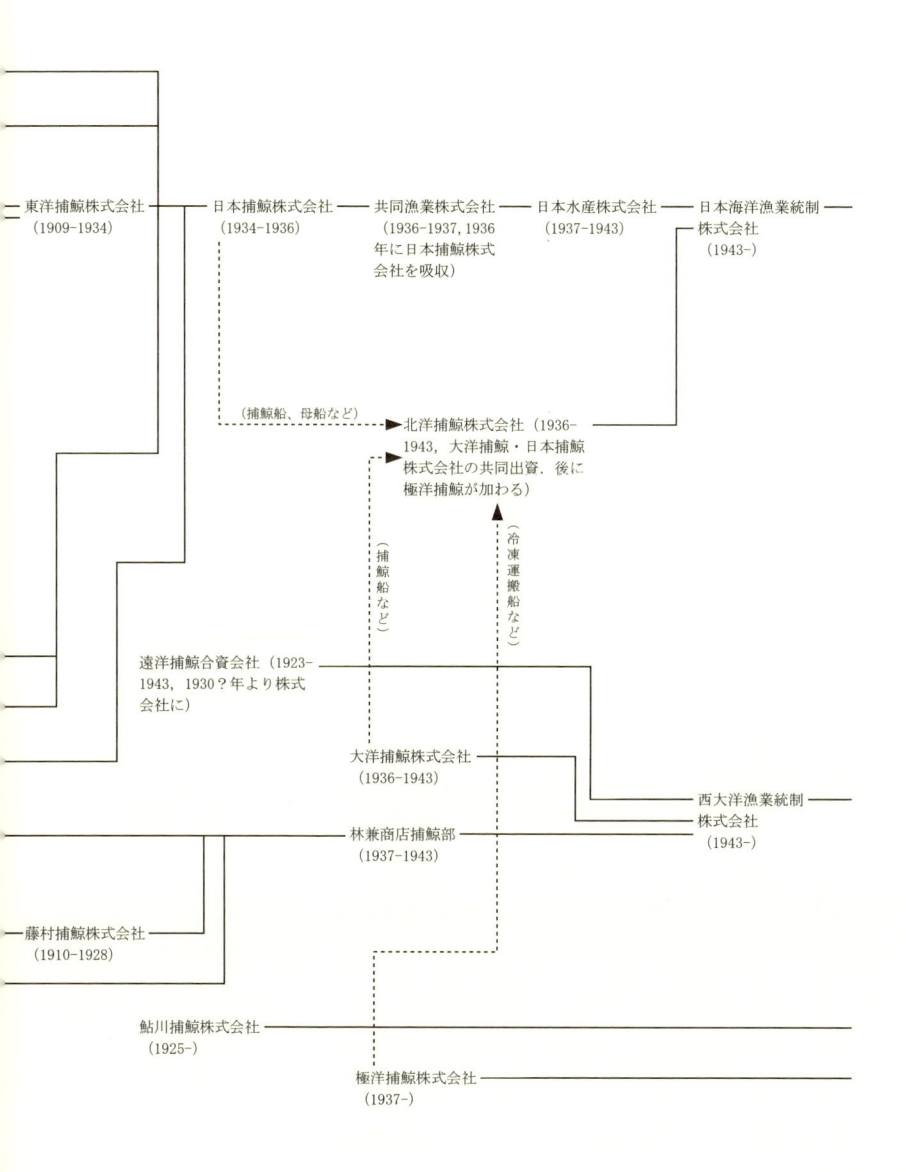

―東洋捕鯨株式会社―――日本捕鯨株式会社―――共同漁業株式会社―――日本水産株式会社―――日本海洋漁業統制―
　(1909-1934)　　　　(1934-1936)　　　　(1936-1937, 1936　　(1937-1943)　　　　株式会社
　　　　　　　　　　　　　　　　　　　　　年に日本捕鯨株式　　　　　　　　　　　　(1943-)
　　　　　　　　　　　　　　　　　　　　　会社を吸収)

　　　　　　　　　　　(捕鯨船、母船など)　►北洋捕鯨株式会社 (1936-
　　　　　　　　　　　　　　　　　　　　　　1943, 大洋捕鯨・日本捕鯨
　　　　　　　　　　　　　　　　　　　　►　株式会社の共同出資, 後に
　　　　　　　　　　　　　　　　　　　　　　極洋捕鯨が加わる)

　　　　　　　　　　　　　　　　　　(捕　(冷
　　　　　　　　　　　　　　　　　　鯨　凍
　　　　　　　　　　　　　　　　　　船　運
　　　　　　　　　　　　　　　　　　な　搬
　　　　　　　　　　　　　　　　　　ど)　船
　　　　　　　　　　　　　　　　　　　　な
　　　　　　　　　　　　　　　　　　　　ど)
　　　　　　遠洋捕鯨合資会社 (1923-
　　　　　　1943, 1930？年より株式
　　　　　　会社に)

　　　　　　　　　　　　　　　大洋捕鯨株式会社
　　　　　　　　　　　　　　　(1936-1943)
　　　　　　　　　　　　　　　　　　　　　　　　　　　西大洋漁業統制
　　　　　　　　　　　　　　　　　　　　　　　　　　　株式会社
　　　　　　　　　　　　林兼商店捕鯨部　　　　　　　　(1943-)
　　　　　　　　　　　　(1937-1943)
―藤村捕鯨株式会社
　(1910-1928)

　鮎川捕鯨株式会社
　(1925-)
　　　　　　　　　　極洋捕鯨株式会社
　　　　　　　　　　(1937-)

り、日本水産は日本海洋漁業統制株式会社に、林兼系は西大洋漁業統制株式会社に整理される。また捕鯨船は哨戒艇として、母船はタンカーや運輸船として徴用され、とりわけ母船は、徴用されたその六つすべてが、戦争によって破壊されたり沈められることになったのであった（前田・寺岡、1952：21-22、33-35；朴、1995：291；森田、1994：351）。

　このように五つに区分された近代の日本捕鯨業の展開過程のうち、本章では、第Ⅱ期と第Ⅳ期にあたるノルウェー式捕鯨及び母船式捕鯨そのものの導入過程についてあきらかにすることに集中する。なお、商業捕鯨のモラトリアムが実施された1987年の段階での、母船式捕鯨、大型沿岸捕鯨、小型沿岸捕鯨という行政上の三区分（Freeman et al., 1988＝1989：23-25、序章注2も参照）のうち、小型沿岸捕鯨業の展開過程については、ここでは扱わないことにする。また、母船式捕鯨と大型沿岸捕鯨で用いられる大型捕鯨船と、近代において導入されたノルウェー式捕鯨船をパラレルに扱うことにしたいと思う。

1. 3　労働者の構成と位置

　一般に船員とは、船長を筆頭に、甲板部・機関部・無線部・事務部・衛生部に分けられるとされる（天然社辞典編集部編、1963：232）。無論、捕鯨という目的に特化した船舶の場合、その構成は若干異なったものとなっている。それは**表1-2**にあるように、母船においては作業員の、捕鯨船においては砲手の存在が注目されよう。これを第Ⅱ期と第Ⅲ期の労働者の構成と比較してみる。まず捕鯨船のそれを見てみると（表1-2、表1-3及び表1-4）、労働者の構成はほぼ類似したものであると見なせるものの、ノルウェー式捕鯨開始直後においては、陸上に処理作業のための事業場をもたなかったゆえに（美島、1899：34-35）[5]捕鯨船に解剖夫を同乗させていたが、やがてその必要がなくなり、さらにその後、無線が導入されることになったことがわかる。また第Ⅲ期初期の東洋捕

表1-2　母船式捕鯨の乗組員の構成

捕鯨船
砲手1、船長1、機関長1、運転士1、機関士1、通信士1、水夫長1、水夫5、火夫長1、火夫4、司厨部2

　　　　　1隻あたり19名　合計171名（9隻分）

捕鯨母船
事業部員┬事業幹部員（12名）――事業主任以下12
　　　　└作業員（214名）　作業員長3、解剖19、截割19、ワイヤー9、ウインチ19、鋸4、採油43、木工5、鍛工6、塩蔵5、潜水3、その他79

船員┬甲板部（35名）――高級船員7、普通船員28
　　├機関部（42名）――高級船員9、普通船員33
　　├無線部（4名）――高級船員4
　　├医務部（2名）――高級船員2
　　└司厨部（25名）――普通船員25

　　　　　　　　　　　　　　　合計334名

注1：この資料では、捕鯨母船の船員は組員に含まれるとされているが、どの部に属するかはあきらかではない。
注2：「作業員」の合計は資料では208人となっているが、誤りと考えて訂正した。

出典：馬場駒雄、1942、『捕鯨』天然社：225-230。

表1-3　捕鯨船の乗組員（第Ⅱ期）

	人数（名）	月給（円）
船長	1	40
炮手	1	100
機関士	1	40
事務長	1	30
解剖夫	5	12（60／5）
水夫	5	15（75／5）
火夫	4	15（60／4）
厨夫	1	25
小使〈原文ママ〉	1	10
合計	20	

注：解剖夫・水夫・火夫の給料について。これらは、全体での給料がまず記されており、それに「一人ニ付平均十二円ノ割」といった注釈が付いている。これより、これらの職種の給料は人によってばらつきがあり、リーダーも存在したことが推測できる。

出典：美島龍夫、1899、『捕鯨新論』嵩山房：32-33。

表1-4　捕鯨船の乗組員（第Ⅲ期）

	人数（名）
船長	1
砲手	1
機関長	1
一等機関士	1
水夫	6
火夫	2
油指	2
コツク	2
ボーイ〈原文ママ〉	2
合計	18

注：人数の合計は資料では17名となっているが、誤りと考えて訂正した。

出典：川合角也、1924、『増補改訂漁撈論』水産社：321-322。

1. 課題

鯨の事業場における組織については、「若干の職員と数十人の事業手とを配置して、之が編成は各自の技能に応じ分業制度を採つて居る、即ち事業手は解剖長、解剖、截割、採油、製造、貯蔵、機関、鍛冶等其他必要の各係に分掌せしめ、職員之を督して協力一致解剖処理に従事するの組織」（東洋捕鯨株式会社編、1910：114）とあるので、これも母船式の事業部員の構成と類似していると見なせよう。

　これらより考えて、以下の技術導入の過程の記述におけるその担い手については、高橋の記述に従い、捕獲活動と処理活動、すなわち捕鯨船の船員と作業員に区分し、その上で、これらの内実をあきらかにすることに集中することとしたい。ゆえに機関部などその他の部門や、運搬船などのそれ以外の作業を行う船舶とその労働者については扱わない。また以下の記述においては、機関士など「士」の付く高級船員や、水夫長など「長」の付く現場のリーダー格の労働者と、その他の、ヒエラルキーの下位に位置する労働者を区別するために、後者を「一般の船員」、「一般の作業員」と表現することにする。

　では、網捕り式捕鯨の組織は、どのようなものであったのだろうか。網捕り式捕鯨についての先行研究（例えば、福本、1978（1993）：101-105；秀村、1952b：67-75；伊豆川、1943：105-113、518-525（1973c：125-133、550-557）；森田、1994：147-151；熊野太地浦捕鯨史編纂委員会編、1969：383-391）を検討することでその構成を一般化すれば、それは表1-5のようになっていた。これによれば、鯨組は経営主である「本部」を中心に、高台においてクジラを探し発見と同時にそれを船へと伝え捕獲活動を指示する「山見」、実際に捕獲活動にあたる「沖合」、そして陸上で処理活動あるいは諸道具の整備にあたる「納屋場」と呼ばれていた部門の、三つに分かれていたことがわかる。また表1-6は、1795年の土佐（高知県）の浮津の鯨組の、表1-7はノルウェー式捕鯨導入期直前の1890年代における土佐の津呂の鯨組の組織構成である[6]。ただしこ

第1章　近代日本捕鯨業における技術導入と労働者　27

表1-5　鯨組の組織構成

```
本部            ┬〈探鯨〉──山見──山見上役、山見など
〈経営主〉   │
                   ├〈捕獲〉──沖合──役羽刺、並羽刺、羽
                   │                         刺見習、かこ〈一般
                   │                         の船員〉など
                   └〈処理・整備〉──納屋場──大別当、別当など
```
注：この表はあくまでも組織の構成を一般化し図式化したもので、労働者等の呼び方は各時代・各鯨組によって様々である。

表1-6　浮津の鯨組の組織構成（1795年）

```
当本 ┬〈探鯨〉──山見 9
       ├〈捕獲〉──勢子船〈クジラを追いしとめる〉
       │                180（15艘）、持双船〈捕らえたク
       │                ジラを運ぶ〉?（2艘）、網船
       │                〈網をかける〉104（13艘）
       ├〈処理・整備〉──本〆番頭?、手代 8、納家
       │                                  夫 8、筋師 5、大工?、樽
       │                                  屋?、鍛冶?、魚切 11、内
       │                                  日雇?
       └〈その他〉──市艇船頭水主 4、商人（浮津組
                              68、津呂組は浮津組の商人すべ
                              てを含めて89）
```
出典：アチック・ミューゼアム編、1939、『土佐室戸浮津組捕鯨史料』: 6-7（日本常民文化研究所編、1973b、『日本常民生活資料叢書　第二十二巻』三一書房: 524-525）。

表1-7　津呂の鯨組の組織構成（1890年代）

```
┬〈探鯨〉───遠見番10
├〈捕獲〉───勢子船178（15艘）、持双船20（2艘）、網船120（14艘）
├〈処理・整備〉────魚切12、納屋夫7、内日雇8、大工職2、桶職1、鍛冶職2
└〈その他〉───市艇船頭 4
                                                              合計364名
```
注1：人数の合計は資料では464名となっているが、誤りと考えて訂正した。
注2：内日雇の「實務」は、「納屋夫ノ補助ヲナシ会社内一切ノ使役ヲナスモノニシテ其職敢テ納屋夫ト異ナラス」（津呂捕鯨株式会社、1902: 65丁ノ裏）とある。
注3：市艇とは、仲買人の入札が非常に低廉のため売却の見込みがたたない場合に、会社が鯨肉を、それを求めている場所へ直に輸送するために用意しておく船のことであるという。

出典：津呂捕鯨株式会社、1902、『津呂捕鯨誌』: 63丁ノ裏-65丁ノ裏、113丁ノ表-113丁ノ裏、142丁ノ表。

れらの資料では、近隣の地域から集められてきたとされている日雇いの労働者の数はあきらかになっていないので、実際の労働者の数はもっと多かったのではないかと推測される。例えば18世紀に書かれた『鯨志』は、太地と古座（現在の和歌山県域）の二つの鯨組で合わせて1,100名の人員を記録している（森田、1994: 151）。また19世紀はじめの長崎県生月島の鯨組（益富組）の場合、生月島の御崎漁場だけでも、常勤の者587名と日雇いの者を合わせた、総勢900名ほどの人員が記録され（『勇魚取絵詞』、1832（1970: 285-292）；福本、1978（1993）: 99-100；森田、1994: 150-151）、さらには19世紀中頃の小川島（佐賀県）の鯨組においては、クジラを捕獲する際には800名ほどが必要で、クジラを捕獲して

28　1. 課題

からは日雇いの者が300名余りも加わると指摘されている（豊秋亭、1840（1995：367））。以上のような労働者の構成より、網捕り式捕鯨はノルウェー式捕鯨船と比較して、その一回の捕獲・処理活動に、非常に多くの人間を必要としていたことがわかるのである。

　また、網捕り式捕鯨の組織における労働者の位置についての一般的な特徴として、それが当時の社会構造を反映したものであったことが指摘されている。実際のところ、鯨組は地域共同体と重なり合い、「本部」は労働者に日々の手当として「扶持米」（と考えられるもの）を手渡していた（秀村、1952b：98-104；伊豆川、1943：85-86、122-129（1973c：105-106、142-149）；熊野太地浦捕鯨史編纂委員会編、1969：383-387、407、409-413）。そして、「本部」と呼ばれるような経営主はもちろんのこと、「羽刺」と呼ばれる、主に捕獲活動においてモリを打ち込む役を務める者や、その他「納屋場」で専門の職に就く者の多くが、世襲制となっていた（森田、1994：152-153）。さらには、クジラ解体の最終作業である、皮などの細部についての捌きなどに従事した日雇いの者たちが、「穢多」と呼ばれた被差別民であった可能性も示されている（田上、1992；山下、2004a：183-192；森田、1994：152）。

　ただし、このような組織の構造は、貨幣経済の浸透や鯨組経営の大規模化などにより、各時代・各鯨組において様々なものとなっていたようである。例えば太地では、近隣ではない地域（須賀利浦（現在の三重県尾鷲市域））から捕獲活動の労働者を雇用していたし（熊野太地浦捕鯨史編纂委員会編、1969：450-452）、益富組に代表されるように捕鯨業が比較的大規模化した九州北西部の場合も、同様に、網や綱の作成及び双海船（網船のこと）の乗組員として備後田島（広島県、瀬戸内海地方）の人々を雇用していたなど、地域共同体以外から労働者を集めていた（秀村、1952b：70-72、75-82；『勇魚取絵詞』、1832（1970：286））。しかしながら、地域共同体以外からの雇用といっても、そのことがすぐさま、「個人で

自由に移動できる労働者」の存在を認めるということにはならない。鯨組に雇用されていた地域共同体以外の者の出身地が、ある程度一定の地名に限られていたり、鯨組の近隣の地域共同体であっても、鯨組との雇用関係がほとんど見いだせないところもあることから、それは、地域共同体に包摂されたかたちで特定の技能などをもった集団が雇用される、というものであったと考えられる（秀村、1952b：80）。また、手当についてみると、土佐では19世紀前半頃から、相対的に非熟練で日雇いの割合の高い「納屋場」の労働者から賃労働者化が開始され、やがて捕獲作業を行う労働者も賃労働者化されていき、いわゆる「明治時代」に入ってからは、すべての労働者は一応は賃労働者として規定されるに至った、とされている（伊豆川、1943：208-214、224-237、420-432、513-518（1973c：228-234、244-257、452-464、545-550））。一方、九州北西部においては、労働者に「賃銀」を払っていたことは17世紀の資料よりすでに見受けられるようであり、さらには、この地域には多数の鯨組が存在していた[7]関係上、「賃銀」を手付金のようなかたちで前払いすることで、労働力を確保することも行われていた（秀村、1952b：71、91-104）。

　それから、世襲制について見てみると、太地においては、「羽刺」は網捕り式捕鯨が行われなくなるまで一貫して世襲制であって、いかに能力があっても、一般の捕獲作業の労働者は「羽刺」にはなれなかった（熊野太地浦捕鯨史編纂委員会編、1969：390-391、524-530）。一方土佐では、「羽刺」になるための、「望状」という一種の志願による試験採用制度があったとされているが（福本、1978（1993）：111-114；伊豆川、1943：218-220（1973c：238-240））、実際には身内に「羽刺」がいた者の方が、「羽刺」に抜擢されやすかったようである（伊豆川、1943：219（1973c：239））。さらに幕末の頃には、「羽刺」が一般の捕獲作業の労働者（「平水主」）に降格することもあった（伊豆川、1943：426-428（1973c：458-460））。この他、土佐の浮津では、処理活動にあたる「魚切」の多くは、

捕獲活動において捕らえたクジラを運ぶ持双船の「羽刺」(ここでは「羽指」と表現)のうち、地位のある、勢子船でモリを打ち込む役を務める「羽刺」になれなかった者の一部が、まわされて務めることになっていた(吉岡、1938：5‐6、46-48 (1973b：429-430、470-472))。

以上より、網捕り式捕鯨の組織は、地域の共同体に組み込まれたものであるとともに、当時の社会構造を反映した世襲制・身分制により、労働者がピラミッド型に固定・配置されたものであった(森田、1994：152)として差し支えないが、それは各鯨組によって様々であり、そして変化の途にあったと考えられるのである。

2．ノルウェー式捕鯨の導入過程

2．1 捕獲活動における技術の導入過程

ではこれから、ノルウェー式捕鯨の技術の導入過程の実際について、東洋捕鯨の前身である日本遠洋漁業のそれを中心として記述することにする。まず捕獲活動から見ていこう。

1894年に設立されたロシアのケイゼルリング (Кейзерлинг) 伯爵太平洋捕鯨会社(1899年よりケイゼルリング伯爵太平洋捕鯨業及び漁業株式会社と改編。以下、ロシア太平洋捕鯨と略)と、1898年よりノルウェー式捕鯨を開始した、ロシア人2名、イギリス人1名の組合である「英露人組合」の代理店をしていた長崎のホーム・リンガー (Holme Ringer) 商会は、朝鮮半島近海にてノルウェー式捕鯨を行い、鯨肉を長崎港に輸出した。日本遠洋漁業は、これらに対抗すべく、山田桃作、河北勘七、そして後の東洋捕鯨社長岡十郎を中心に、彼らの親戚や代議士などが発起人となり、山口県において1899年7月に正式に設立されたものである(朝鮮海通漁組合聯合会、1902a：32-33；江見、1907：121-124；東洋捕鯨株式会社編、1910：192-201)[8]。そして実際に事業を始めるにあたって、岡はま

ず、ロシア太平洋捕鯨との契約が切れたノルウェー人砲手に加え、この砲手の要求を受け入れるかたちで、ノルウェー人水夫3名を同年4月より雇用する。その後の1899年5月の発起人総会では、ノルウェー式捕鯨船の造船をめぐって、日本国内においてか否かで意見が分かれたが、外国で建造すると事業開始まで時間がかかることを理由として、結局日本国内で造船することになる。そこで同年6月より、東京の石川島造船所において、ノルウェー人砲手・水夫の協力のもと捕鯨船は建造される。ただし、捕鯨砲・モリ・モリ綱などの捕鯨具は、三井物産を介してノルウェーから直接輸入したものを用いることとなった。また同時期に、岡は農商務省の嘱託として、ノルウェー式捕鯨の視察のために欧米へと旅立つ。岡は同年5月から12月までの間に、まずノルウェーにおいて捕鯨船・捕鯨具製造と実際の捕鯨漁場での操業を見学・調査し、さらには北米大西洋における捕鯨業も巡視して帰国した（朝鮮海通漁組合聯合会、1902a：33；江見、1907：124-125；東洋捕鯨株式会社編、1910：201-206）。

　1900年1月より、日本遠洋漁業はこの新造捕鯨船第一長周丸でもって、実際の事業を開始する。また同年2月には、1899年にケイゼルリングが慶尚南道蔚山、江原道長箭、咸鏡南道馬養島の3地点を租借したのに対抗して、取締役河北の名で、当時の韓国政府から捕鯨業の特許権（租借地は設けられず）を得る[9]。しかし第一長周丸は故障を繰り返したので、第一期目、第二期目の操業はあまり芳しいものではなかった。そのため、事業を直接行うことをやめて、所有する捕鯨船オルガ号を貸与または売却することを1901年夏に決めたホーム・リンガー商会より、オルガ号を8カ月間チャーターすることとした。だが1901年12月に、第一長周丸は長箭を出発し元山沖に向かう途中で座礁・沈没し、その後その引き上げ作業にも失敗したため、日本遠洋漁業は自らの資本金10万円の約9割を使い果たしてしまい、解散の危機に見舞われることとなった。日本遠洋漁業は、ホーム・リンガー商会との間でオルガ号についての再契約を交

わすとともに、ノルウェーのレツクス社から捕鯨船レツクス号・レギナ号をチャーターすることで、この危機を乗り切ろうとした。そしてこのような、自社所有ではなくチャーターの捕鯨船を用いるという方針転換が功を奏することとなり、日本遠洋漁業はその後業績を回復する（朝鮮海通漁組合聯合会、1902a：33-34；江見、1907：125-141；朴、1995：197-207；東洋捕鯨株式会社編、1910：10、191-192、206-228、第5章注5も参照）。以降、長崎捕鯨合資会社、大日本捕鯨株式会社、帝国水産が、1907年から1908年にかけて日本国内で捕鯨船を建造するまで、日本の捕鯨会社は、後述のロシア太平洋捕鯨の船舶を拿捕したもの以外は、ノルウェーで建造されたものをチャーターするか、ノルウェーに捕鯨船建造を注文するかのいずれかで、捕鯨船を調達することになったのである（東洋捕鯨株式会社編、1910：251-259)[10]。

　1904年2月に日本とロシアの国交が断絶され、日露戦争が開始された際、日本国内に停泊中であったり朝鮮半島沿岸を航行中であった、ロシア太平洋捕鯨所属の船舶4隻は、日本によって拿捕された。そのうち捕鯨船ニコライ号、解剖船ミハイル号、運搬船レスニー号の3隻は、正式に「鹵獲」されたことになる。そして、これらの船舶の貸し下げを得るために、急遽代議士14名を発起人とする日韓捕鯨株式会社がつくられたが、これは最終的に、同様に貸し下げを申請した日本遠洋漁業と合同することになり、1904年9月に東洋漁業が成立、この会社が農商務省より貸し下げを受けることになった。また日本遠洋漁業は、岡の名で1904年1月に、ケイゼルリングの得たものとほぼ同等の、蔚山、長箭、馬養島の3地点の租借を含んだ特許を得る。そして戦争と船舶の拿捕により捕鯨を中止し、租借地の税金の前納を怠っていたロシア太平洋捕鯨が、契約期限である1年を過ぎてもそれが未納であることを見るや、岡は契約に従いそれら租借地の地所、家屋、建物、機具一式の当時の韓国政府による没収と、その没収した租借地を岡へ租借さすという追加契約を韓国

政府に迫り、1905年5月1日付をもってそれを実現させる。これ以降、朝鮮半島における捕鯨業の利権は、第二次世界大戦の終結まで、日本の捕鯨会社の手中に収められることになったのである（農林省水産局編、1939：5-7；朴、1995：217-218、278-293、311-322；東洋捕鯨株式会社編、1910：230-239）。

　その後1906年になって、東洋漁業は、網捕り式捕鯨が行われていた高知や和歌山だけでなく、それが行われていなかった現在の千葉県銚子や宮城県鮎川といった、日本国内の各地にも事業場を設立していくことになる（東洋捕鯨株式会社編、1910：242-247）。なお、事業が開始された朝鮮半島においても、かつて釜山にて約一年ほど過ごした人物が、「吾輩ハ当時航海中如是ク鯨鯢ノ多キヲ見ル毎ニ我国ト彼国ト相距ル甚タ遠カラス而ルニ独リ鯨鯢ノ彼国ニノミカク饒多ナルハ何ノ故ナルカト或ハ驚キ或ハ怪ミ釜山ニ帰帆ノ後モ彼国土人ニ就キ質セシコトアリシニ朝鮮ニテハ従来鯨ノ他ノ魚類ヲ逐ヒ来ルヲ以テ之レヲ水神ト尊崇シ決シテ之レヲ捕獲スルノ念ナシト云フ昔時本邦ニテモ徃々之ヲ水神トナシ捕フルモノナカリシト一般ノ習慣トハ見エタリ是レ或ハ斯ク鯨鯢ノ多キ一因ナラン」（金木、1883：11-12）と報告していることより、網捕り式のような規模での捕鯨は行われていなかったと考えられることにも注意したい。また、東洋漁業の経営が好調であったことを受けて、日露戦争後にいくつもの捕鯨会社が乱立することになる（表1-1）。そしてその中には、高知の大東漁業（1907年）・土佐捕鯨合名会社（1907年）・丸三製材捕鯨部（1908年）、和歌山の紀伊水産株式会社（1907年）、山口の長門捕鯨株式会社（1907年）といった、衰退した網捕り式捕鯨の、地元のその直接の関係者を含む者たちにより開始されたものが、この時点において登場する[11]。しかしこれらもやがては、東洋捕鯨や林兼商店といった会社に吸収されていくのであった（東洋捕鯨株式会社編、1910：251-268）。

　では、この時期の捕鯨船の乗組員の構成と捕獲活動の内実は、どのよ

2. ノルウェー式捕鯨の導入過程

表1-8 朝鮮半島沿岸で操業する捕鯨船の乗組員の構成（1899-1900年）

会社	ケイゼルリング伯爵太平洋捕鯨業及び漁業株式会社				日本遠洋漁業株式会社	
船名	ニコライ		ギオルギー		第一長周丸	
船籍	ロシア〈会社所有〉		ロシア〈会社所有〉		日本〈会社所有〉	
動力	汽船		汽船		汽船	
	国籍・人名	人数（名）	国籍・人名	人数（名）	国籍・人名	人数（名）
船長	露人・カクテン	1	露人・シリワリー	1	〈日本人?〉	1
砲手	諾威人〈砲手と運転手を兼務〉	1	諾威人〈砲手と運転手を兼務〉	1	諾威人	1
運転手					〈日本人?〉	1
機関士	露人	1	露人	1	〈日本人?〉	1
水夫	韓人	8〈水夫・火夫の合計〉	韓人	8〈水夫・火夫の合計〉	韓人	2〈水夫・火夫の合計〉
火夫					〈日本人?〉	11〈水夫・火夫の合計〉
厨夫	清人	2〈厨夫・使童の合計〉	清人	2〈厨夫・使童の合計〉	―	―
使童					―	―
合計		13		13		17

注1：乗組員の職種、船名、国籍、人名の表記は、朝鮮漁業協会（朝鮮漁業協会、1900）に従っている。―は記載なし。
注2：第一長周丸の何名かの乗組員の国籍は明記されていないが、「諾威人」「韓人」を区別している以上、日本人と推測される。
注3：朝鮮漁業協会（朝鮮漁業協会、1900：16-17）には、以上の会社の他に、当時朝鮮半島沿岸においては、ホーム・リンガー商会、遠洋捕鯨株式会社、及び讃州捕鯨組（網捕り式）による捕鯨が行われていたとあるが、それらの組織の詳細については、あきらかになっていない。
出典：朝鮮漁業協会、1900、「韓海捕鯨業之一斑」『大日本水産会報』212：4-19；「日露両国人の韓海捕鯨情況」、1904、『大日本水産会報』260：34-36；東洋捕鯨株式会社編、1910、『本邦の諾威式捕鯨誌』：203-205。

うになっていたのだろうか。表1-8と表1-9はそれぞれ、1899年から1900年にかけてと考えられる時点、及び1901年の時点で朝鮮半島沿岸において操業していた捕鯨会社の、その捕鯨船の乗組員の構成である。また表1-10は、1906年に、蔚山における東洋漁業の捕鯨業を見聞した江見水蔭の記録をもとに作成した、この当時の捕鯨船の乗組員の構成である。まずこれらの表を見てあきらかになることの一つは、捕獲活動において重要な位置を占め、それゆえ表1-3の給与の額を見てもわかるように地位も高かった砲手は、すべてノルウェー人によって占められていたということである。次に二点目として、船長や機関士など、ある程度の地位を有する船員は、その会社の経営者と同じ国籍の者で占められる

第1章　近代日本捕鯨業における技術導入と労働者　35

表1-9　朝鮮半島沿岸で操業する捕鯨船の乗組員の構成（1901年）

会社	ケイゼルリング伯爵太平洋捕鯨業及び漁業株式会社				日本遠洋漁業株式会社		ホーム・リンガー商会	
船名	ニコライ		ギョルギー		第一長周丸		オルガ	
船籍	ロシア〈会社所有〉		ロシア〈会社所有〉		日本〈会社所有〉		ロシアあるいはノルウェー〈会社所有〉	
動力	汽船		汽船		汽船		汽船	
	国籍・人名	人数（名）	国籍・人名	人数（名）	国籍・人名	人数（名）	国籍・人名	人数（名）
船長	露人・カクチン	1	露人・タイドマン	1	濱野藤太郎	1	露人	1
砲手	諾威人・アモンソン〈砲手と運転手を兼務〉	1	諾威人・ネルシン〈砲手と運転手を兼務〉	1	諾威人・モトフシビータセン	1	諾威人・オールシン	1
運転手					〈？〉	1	英人	1
砲手見習	―	―	―	―	野村貞次	1	―	―
機関長	―	―	―	―	〈？〉	1	―	―
機関士	露人	1	露人	1	―	―	英人	1
水夫	韓人	8〈水夫・火夫の合計〉	韓人	8〈水夫・火夫の合計〉	〈？〉	6	本邦人	8〈水夫・火夫の合計〉
火夫					〈？〉	4		
使童	清人	1	清人	1	〈？〉	2	清人	2
合計		12		12		17		14

注1：乗組員の職種、船名、国籍、人名の表記は、朝鮮海通漁組合聯合会（朝鮮海通漁組合聯合会、1902a、1902b）に従っている。―は記載なし。
注2：「事業船」とあるのを捕鯨船と考えている。
注3：「ニコライ」「ギョルギー」の乗組員の合計は資料では13名となっているが、誤りと考えて訂正した。
注4：第一長周丸の何名かの乗組員の国籍は、ここでも明記されていない。しかし1901年に第一長周丸が沈没した際に、名前より朝鮮人1名、日本人2名と思われる者が死亡しているので、表1-8とは異なり、不明のままにした。
注5：オルガ号の船籍は、「日露両国人の韓海捕鯨情況」ではノルウェー、「朝鮮海捕鯨業」ではロシアとなっている。

出典：朝鮮海通漁組合聯合会、1902a、「朝鮮海捕鯨業」『大日本水産会報』234：24-37；朝鮮海通漁組合聯合会、1902b、「朝鮮海捕鯨業」『大日本水産会報』235：21-37；「日露両国人の韓海捕鯨情況」、1904、『大日本水産会報』260：34-36；東洋捕鯨株式会社編、1910、『本邦の諾威式捕鯨誌』：191-192、203-205、216-219。

という傾向があるということがわかる。最後に三点目として、一般の船員は、それぞれの捕鯨会社が拠点を有していた国（ロシア太平洋捕鯨・日本遠洋漁業―「韓人」、ホーム・リンガー商会―「本邦人」）あるいは全く無関係の国（ロシア太平洋捕鯨とホーム・リンガー商会の「清人」）の人々によって、担われる傾向にあるということである。またやがては、東洋漁業のレツクス号のように、会社の経営者と同じ国籍でない者によって運営される捕鯨船も登場したことがわかるのである。

　これに加えて、江見の記録からわかる、この時期の捕獲活動の特徴に

2．ノルウェー式捕鯨の導入過程

表1-10　東洋漁業株式会社の捕鯨船（1906年）

船名	ニコライ			レックス		
	国籍・人名	人数(名)		国籍・人名	人数(名)	
船長	夏目市太郎	1		諾威人・メルソン〈船長と砲手を兼務〉	1	
砲手	諾威人・ジョルデンセン	1				
機関長	山口	1		諾威人・マガイセン	1	
甲板部	水夫長	〈日本人？〉	1	朝鮮人・金珍喜	1	
	水夫	大岡、古賀野〈他2名〉	4	諾威人・ハーンス〈水夫〉	1	
機関部〈火夫〉	〈？〉	5				
賄部	コック	〈？〉	1	朝鮮人〈その他一般の船員〉	9	
	ボーイ	〈1名日本人？〉	2			
合計			16		13	

注1：乗組員の職種、船名、国籍、人名の表記は、出典に従っている。
注2：「ニコライ」の水夫長とボーイの一人とは、著者と日本語でやりとりしているので、日本人と推測できる。
注3：「レックス」のノルウェー人水夫「ハーンス」は、砲手「メルソン」の亡くなった友人の息子であり、まだ少年の「ハーンス」を砲手育成の訓練のために乗船させていると推測される。
注4：この他に、この資料では捕鯨船「オルガ丸」が登場するが、表を作成可能なほど、乗組員の構成があきらかにはされていない。

出典：江見水蔭、1907、『実地探検　捕鯨船』博文館。

表1-11　遭難したいなづま丸の乗組員（1933年）

船長	岡山富英〈船長と砲手を兼務〉
砲手	
機関長	香川要
運転士	吉川亀助
水夫長	村詰岩吉
水夫	金長旭
	小川良見
	安永直吉
	良知虎司
火夫長	西川友哉
油差	上島勝雄
火夫	金元鍾
	金又根
賄夫	劉兆孟
合計	13（名）

出典：朴九秉、1995、『増補版韓半島沿海捕鯨史』、釜山：図書出版　民族文化：287。

ついても記しておこう。ノルウェー式捕鯨の特徴として、クジラを探す「山見」は存在せず、そのかわりに、マストに取り付けられた「望楼」からクジラを探すことになっている。しかも「水夫は代る代る〈原文ではくり返しの記号〉此所〈「望楼」〉に登つて、鯨の浮ぶのを見張る」とあるので、捕獲活動を指示する、あるいは太地の鯨組のように、（「本部」に属する）最も権威ある家の者が「山見」を指揮する（熊野太地浦捕鯨史編纂委員会編、1969：388-390）といったような、「山見」に与えられていた地位もなくなったものと考えられる（江見、1907：19）。また、捕鯨砲のモリが当たって瀕死のクジラに対しては、3人乗りのボートが接近し、手にしたモリで突くことによって死に至らしめるという方法が行われていることも、特徴であろう（江見、1907：52-53、104-105）。

以上、捕獲活動の技術の導入過程について、あきらかになったことを最後にまとめてみる。まずあきらかになったことは、ノルウェー式捕鯨の技術の導入は、最終的にはノルウェーで造られた捕鯨具・捕鯨船を用いるというかたちをとり、またその技術の担い手である砲手も、ノルウェー人を直接雇用するというかたちをとった、ということである。この技術導入の試みが成功した後に、捕鯨船も日本で本格的に造られるようになり、後述するように、やがて砲手も、日本人が担うようになっていく。このこととともに、ノルウェー式捕鯨の捕獲活動の技術は、網捕り式捕鯨の経営者が導入したわけではなかったこと、また、「羽刺」が直接捕鯨砲を用いるようになったわけでもなかったことも、あきらかになった。さらには、捕鯨船の乗組員が様々な国籍の者で構成されるようになったことで、網捕り式捕鯨の世襲制・身分制による社会構造にかわる、捕鯨会社という場における新たな社会構造が構成されていくことになったと考えられることも、あきらかとなった。

　では第Ⅲ期に入り、捕獲活動の労働者の構成はどのようになっていったのだろうか。しかしながら、それを知るための資料はわずかしか得られていない。そのうちの一つが表1-11である。これは、1933年11月に済州島西帰浦事業場を出発した東洋捕鯨の捕鯨船いなづま丸が、乗組員全員を乗せたまま行方不明となった事故の追悼碑にある、遭難者の氏名である。これを見ると、この時期には砲手を日本人が担っていた捕鯨船が存在していたことと、朝鮮人船員は一般の船員の地位におかれたままであったことがわかる[12]。朴九秉の研究によれば、朝鮮人船員は第二次世界大戦終了以前は、よくても水夫長程度にしか昇進しなかったとあるので、朝鮮人船員は最も地位の高かった砲手にはなれなかった、と考えられるのである（朴、1995：324、331）。

2．2 処理活動における技術の導入過程

次に処理活動の方を見てみよう。日本遠洋漁業においては、1900年1月の事業開始には解剖船千代丸が第一長周丸と行動をともにし、また1901年にオルガ号をチャーターした際には、同時に解剖船広盛丸もチャーターした。このように解剖船を導入したのは、この時点で朝鮮半島において事業場を開設し得なかったこと、換言すれば陸上において解剖を行うことができなかったことも原因の一つであろうと思われる（東洋捕鯨株式会社編、1910：209-216）。だが、東洋捕鯨が1909年の段階で事業場を20カ所所有していたのに加え、解剖船を13隻所有していたことより（東洋捕鯨株式会社編、1910：18-23）、この時期において解剖船は、新たな技術として一定の役割があったと考えられるのである。すなわち、恒常的な事業場を設置しなくとも解剖ができるということで、漁場を探索したりする際または一時的に事業を行う際には、移動可能な解剖船の存在は有効に働いたと考えられるのである（近藤、2001：220-221）。

さて前述の、日露戦争開始時点で拿捕され、東洋漁業に貸し下げられた船舶の中に、解剖船ミハイル号があった。この船は、登簿トン数2,144トン（ちなみに千代丸は総トン数約154トン）で乗組員は「露国人其地〈他、の誤植か〉欧人三十名、日本人十数名、清国人五十余名、韓人十余名にして大約一百有余名」（「日露両国人の韓海捕鯨情況」、1904：35-36）、甲板が5層に分かれ、それぞれにおいて、鯨油を採油したり、機械20台でもって鯨骨を粉砕したりなどの作業が行える、まさに捕鯨工船の先駆けと見なせるものであった（「日露両国人の韓海捕鯨情況」、1904；東洋捕鯨株式会社編、1910：187-188、209）。またその後東洋漁業は、前述したように、地所、家屋、建物、機具一式の没収直後の、ロシア太平洋捕鯨が有していた租借地を租借した。これらの事実より、日露戦争の過程で東洋漁業が得たものによっても、その処理活動の新たな技術が得られることになったと考えられるのである[13]。そしてそれは、日本の朝

第1章　近代日本捕鯨業における技術導入と労働者　39

鮮半島への侵略過程と、軌を一にするものであった。

　ここで処理活動の労働者の構成とその内実について、やや詳細に見てみることにしよう。**表1-12**と**表1-13**は、表1-8と表1-9のそれぞれと同じ時点の、各会社の解剖船の乗組員の構成である。これらの表を見てあきらかになることは、一つが日本遠洋漁業に処理活動のリーダーとして、ノルウェー人や、「曾て露国船オルガ号に於て二ケ年余裁解長を勤務せしことあり頗る経験に當〈富、の誤植か〉め」（朝鮮海通漁組合聯合会、1902b：26）る人物（表1-13の合田榮吉）が採用されているということである。そしてもう一つが、ロシア太平洋捕鯨とホーム・リンガー商会という、日本人ではない経営主の会社に、「（本）邦人」が一般の作業員として採用されているということである。このうち表1-12の塩蔵手5名は、1900年より「本邦五島人」（朝鮮漁業協会、1900：13）を採用したものであり、これまで「放棄同様の廉価を以て韓人に売却し来りし」（朝鮮漁業協会、1900：13）鯨肉をこれらの人々が塩蔵して、それが長崎へと輸出された（朝鮮漁業協会、1900：12-15）。ただし、日本遠洋漁業で生産された鯨肉が、捕獲されたクジラの輸送に時間がかかる場合でも、「羽刺」（朝鮮海通漁組合聯合会、1902b：34）によりクジラの肋骨の間を切開して血を抜くという技術を用いることで高値で取引される（「一斤の相場能く拾四五錢を保つ」（朝鮮海通漁組合聯合会、1902b：34））のに比較して、ロシア太平洋捕鯨から生産された鯨肉は、そのような処理を行わないために味及び鮮度が劣り、非常な安値で取引された（「一斤僅に二三錢に価せす」（朝鮮海通漁組合聯合会、1902b：34））という[14]。この処理法をロシア太平洋捕鯨が行わない理由として、血を抜いたクジラは海中に沈むのでそれを事業場まで運ぶのは大変困難であることと、「外国捕鯨者は一般に脂肪部、鬚等を貴ひ鯨肉は殆んど顧ざるの風」（朝鮮海通漁組合聯合会、1902b：34）があることがあげられている（朝鮮海通漁組合聯合会、1902b：33-36）。なお、ここにおいて、ノルウェー式捕鯨

40　2．ノルウェー式捕鯨の導入過程

表1-12　朝鮮半島沿岸で操業する解剖船の乗組員の構成（1899－1900年）

会社	ケイゼルリング伯爵太平洋捕鯨業及び漁業株式会社						日本遠洋漁業株式会社	
船名	シベリー		太洋丸		カメラン		千代丸	
船籍	？〈会社所有〉		？〈日本人より雇船〉		？〈会社所有〉		日本〈会社所有〉	
動力	汽兼帆船		帆船		帆船		帆船	
	国籍・人名	人数（名）	国籍・人名	人数（名）	国籍・人名	人数（名）	国籍・人名	人数（名）
船長	露人・イワノフ	1	本邦人・吉田増太郎	1	－	－	〈日本人？〉	1
運転手	露人	1			－	－		
機関士	露人	1			－	－		
水夫	韓人	4〈水夫・火夫の合計〉			本邦人	2〈厨夫との合計〉	〈日本人？〉	10
火夫					－	－		
厨夫	清人	2〈厨夫・使童の合計〉			（本邦人）	（2）		
使童					－	－		
監督	－	－			－	－	〈日本人？〉	1
会計	－	－			－	－	〈日本人？〉	1
截解係	露人	1			－	－	諾威人	1
人足頭	－	－	其他本邦人	6	露人	1		
截解夫・切解夫	－	－			清人	20	〈日本人？〉	8
塩蔵手	本邦人	5			－	－		
鍛冶・鍛冶工	－	－			露人	1		
大工	－	－			－	－	〈日本人？〉	1
その他	－	－			支配人代理・クゴー、ゲーゼルリング、元山海関出張員・陸奥小次郎	2	－	－
合計		15		7		26		24

注1：乗組員の職種、船名、国籍、人名の表記は、朝鮮漁業協会（朝鮮漁業協会、1900）に従っている。－は記載なし。
注2：千代丸の何名かの乗組員の国籍は明記されていないが、第一長周丸において「諾威人」「韓人」を区別している以上、日本人と推測される。
注3：朝鮮漁業協会（朝鮮漁業協会、1900：16-17）には、以上の会社の他に、当時朝鮮半島沿岸においては、ホーム・リンガー商会、遠洋捕鯨株式会社、及び讚州捕鯨組（網捕り式）による捕鯨が行われていたとあるが、それらの組織の詳細については、あきらかになっていない。
注4：「截解船」とあるのを解剖船と判断している。なお、「カメラン」は資料では「役員搭乗船」となっているが、「切解夫」を乗船させているので解剖船に含めた。

出典：朝鮮漁業協会、1900、「韓海捕鯨業之一斑」『大日本水産会報』212：4-19；「日露両国人の韓海捕鯨情況」、1904、『大日本水産会報』260：34-36。

第1章　近代日本捕鯨業における技術導入と労働者　41

表1-13　朝鮮半島沿岸で操業する解剖船の乗組員の構成（1901年）

会社	ケイゼルリング伯爵太平洋捕鯨業及び漁業株式会社				日本遠洋漁業株式会社						ホーム・リンガー商会	
船名	ゴーリッツ		デシニック		千代丸		住吉丸				広盛丸	
船籍	ロシア〈会社所有〉		ロシア〈会社所有〉		日本〈会社所有〉		?				日本	
動力	帆船		帆船		帆船		帆船				帆船	
	国籍・人名	人数(名)	国籍・人名	人数(名)	国籍・人名	人数(名)	国籍・人名	人数(名)			国籍・人名	人数(名)
船長	露人・ヲーサン	1	邦人・吉田増太郎	1	合田榮吉	1〈裁解長を兼任〉	鹽谷亦五郎	1			三上寅次郎	1
運転手	露人	1	邦人	1	―		―				―	
水夫	其他露清韓人	6			〈?〉	8	〈?〉	2			本邦人	8
監督					須古龜松	1						
裁解長						(1)						
裁解係	露人	1	其他露韓人	6	―		―					
裁解夫・裁解手	清人	20			―		〈?〉	18			本邦人	8〈裁解兼塩蔵手〉
塩蔵手					―		―					
鍛冶	（其他露清韓人）	(6)			〈?〉	1	―					
大工					〈?〉	1	―					
その他			元山海関出張吏員・陸〈原文ママ〉小次郎	1	元山海関出張吏員・鈴木津二	1	―					
合計		29		9		13		21				17

注1：乗組員の職種、船名、国籍、人名の表記は、朝鮮海通漁組合聯合会（朝鮮海通漁組合聯合会、1902a、1902b）に従っている。―は記載なし。
注2：「裁解船」とあるのを解剖船と判断している。住吉丸は資料では「貯蔵船」となっているが、「裁解夫」を乗船させているので解剖船に含めた。
注3：千代丸・住吉丸の何名かの乗組員の国籍は明記されていない。ここでは表1-9の第一長周丸の例に従い、不明のままとした。
出典：朝鮮海通漁組合聯合会、1902a、「朝鮮海捕鯨業」『大日本水産会報』234：24-37；朝鮮海通漁組合聯合会、1902b、「朝鮮海捕鯨業」『大日本水産会報』235：21-37；「日露両国人の韓海捕鯨情況」、1904、『大日本水産会報』260：34-36。

の捕獲活動においては姿を現さなかった「羽刺」が、処理活動において必要な処置をなす者として、その名があがっていることは興味深い[15]。

　次に江見の記録により、この時期の処理活動の実際についても見ておこう。事業場の桟橋には1隻の補助船が横付けしてあり、その補助船に舷を列ねるかたちで、捕鯨船よりクジラを引き渡された解剖船千代丸が停泊する。まず「伝馬船」に乗った「解剖夫」が千代丸に近づき、ワイ

ヤーロープの先端に取り付けてある鉤を千代丸舷側にあるクジラの胸ビレに引っかける。そのワイヤーロープを千代丸に備え付けのウィンチが巻き上げると同時に、「解剖夫」が「大庖丁」で切れ込みを入れることで、胸ビレの部分が切断され甲板に引き上げられる。解剖船では同様に、ウィンチを用いて皮を剥ぎ肉を切り取る作業を繰り返すとともに、「截割夫」が甲板上に吊るされた肉塊をある程度の大きさに切り分ける。この肉塊を「鍵引」が補助船の甲板へと運び、そこで肉塊は熟練の「截割夫」の用いる「小庖丁」によってさらに様々な部分へと切り分けられ、最後にその切り分けられた鯨肉が、再び「鍵引」の手によって、桟橋を通って「冷却場」まで運ばれるのである（江見、1907：58-67）。また、これら作業員の人数構成は、「伝馬船」に乗った「解剖夫」が3名で解剖船上の「截割夫」が8名、解剖船―補助船間の「鍵引」が5、6名、補助船上の「截割夫」が10名となっており、これらの人々の国籍は書かれていない。ただし、補助船から「冷却場」まで鯨肉を運ぶ10数名の「鍵引」は、その多くが「韓人」であるとされており、それとともに、これらの人々の他に、この処理作業の監督として吉津權三郎・岡田利平の2名、そして監督補として松谷、龜谷の2名の名前が記述されている（江見、1907：14、62、66-67）。

　この当時の解剖は、解剖船を用いるものと、その後の事業場設立によって導入されたと思われる、いわゆるボック（支柱）式桟橋によるものがあったとされているが（近藤、2001：220-221、230、242-243；東洋捕鯨株式会社編、1910：114）、この江見によって記された処理活動の工程は、前者のものであろうと考えられる。ちなみに後者の方式について記せば、以下のようである。桟橋には大きな支柱が2本立ててある。その上部には横木が渡してあり、そこには2個の滑車が設置してある。その滑車にはウィンチから出ているワイヤーが通してあり、そのワイヤーの先端には鉤がついている。捕鯨船はこの桟橋に近づくと、舷側に吊るしてある

クジラの尾ビレにロープを通す。このロープに鉤をかけてクジラを水際まで引き寄せるとともに、尾ビレの部分をチェーンで縛り、それにロープからはずした鉤を引っかけて、鯨体の4分の1ほどを引き上げる。「伝馬船」（東洋捕鯨株式会社編、1910：115）に乗った「解剖手」（東洋捕鯨株式会社編、1910：116）が、まずクジラの陰門部の辺りを廻し切りにして切断すると、それはウィンチによって桟橋上に吊り下げられ、そこにおいて「截割手」（東洋捕鯨株式会社編、1910：116）によって裁断される。この作業が終わると、残りの部分は桟橋側面に平行して海中に横たえておき、同様にウィンチを用いて皮を剥ぎ肉を切り取り、「截割手」が区分裁断する作業を繰り返す（近藤、2001：220-222、233；東洋捕鯨株式会社編、1910：114-117）。なお1907年に、東洋漁業の鮎川事業場においてクジラを完全に陸上に引き上げて解剖を行う方式が開発され、その後この方式が今日に至るまで踏襲されていったとされている（近藤、2001：242-243）。この他、当時のイギリス領カナダのバンクーバー島の捕鯨会社で行われた方法は、「尾根」（阿部、1908b：8）に巻き付けたチェーンをウィンチで引っ張ってクジラを陸上に引き上げ、まず江見の記録にあるように胸ビレを切断し、次にクジラの吻頭から尾へと鯨体に沿って刀を入れ、ウィンチを用いて皮を剥ぐという、「其順序本邦の方法と異なり」（東洋捕鯨株式会社編、1910：158）と指摘されているものであった（阿部、1908b：8-9；東洋捕鯨株式会社編、1910：157-160)[16]。とはいえ、ウィンチを用いて皮を剥ぎ肉を切り取るという方法自体は、ロシア太平洋捕鯨のそれも含め（朝鮮漁業協会、1900：12-13；朝鮮海通漁組合聯合会、1902b：33-34)[17]、ノルウェー式捕鯨の処理活動に共通していると見るべきであろう。

　また、これらと網捕り式捕鯨の処理活動を比較してみた場合、網捕り式捕鯨では、クジラの頭を先にして、浜辺まで運ばれていた例がいくつもあること[18]、ウィンチではなく轆轤を用いていたことなどのために、

日雇いの者を含め多くの労働者を必要としていたこと[19]なども、相違点としてあげられる。

　以上、処理活動の技術の導入過程についてあきらかになったことを、最後にまとめてみよう。まず、ノルウェー式捕鯨の処理活動は、網捕り式捕鯨で処理活動にあたる「納屋場」での作業を、単純に移したものではないということがあきらかになった。それはノルウェー式の捕獲活動と組み合わさっているものであるゆえに、ウィンチや解剖船の使用といった新たな技術が導入される必要があり、そしてその導入自体は、ノルウェー人や、日本人ではない経営主の会社で経験を積んだ者によって担われたのである。次に、処理活動の新たな技術の多くは、日露戦争の結果解剖船や朝鮮半島の事業場を得ることによって導入されることになったと考えられるということがあきらかになった。これらに加えて、日本人ではない経営主の会社に、「（本）邦人」が一般の作業員として採用されており、そしてこれらの人々の作業により、鯨肉が生産されていたこと、また日本の捕鯨会社も、「朝鮮人」を一般の作業員として使用していたということも、あきらかになった。

　では第Ⅲ期に入り、処理活動の労働者の構成は、どのようになっていったのだろうか。それを知るための資料は、捕獲活動同様わずかしか得られていない。そのうちの一つとして、「内地」の事業場に朝鮮人労働者が働いていたという記録がある。これは1924年に内務省社会局が行った、『朝鮮人労働者に関する状況』という調査において見いだせるもので、その「添付参考表」の岩手県の職業別の欄に、「漁業（鯨会社ノ雑役）」とあるものが存在するのである（内務省社会局第一部、1924（1975：450-540））。この「鯨会社」は、当時釜石に事業場を有していた、東洋捕鯨であろうと推測される。とはいえこの資料では、これらの朝鮮人労働者が、どういう経緯で、朝鮮半島から遠く離れた岩手で働くことになったのかはわからない[20]。しかし、少なくとも言えることは、

当時の「鯨会社」が、「雑役」を行う者として、近隣の地域の者、あるいは、かつて網捕り式捕鯨が行われていた地域で捕鯨に従事していたが、多くの人数を必要としないノルウェー式捕鯨の導入により、失業を余儀なくされた者[21]ではなく、朝鮮人労働者を必要としていたということであろう。

3. 母船式捕鯨の導入過程

さらに、母船式捕鯨における技術の導入過程について、母船となる捕鯨工船の導入過程を中心に見ていくことにしたい。まず東洋捕鯨は、1929年に人（どのような人物であったかは不明）を派遣しノルウェーの母船に同乗させ、その技術を得ることを試みたが拒否されこれを断念、次にイギリスより貨客船を買収し母船に改造するために1930年に日本に回航したが、前述の東洋捕鯨の業績の不振により、この計画も失敗に終わることとなった（馬場、1942：90-91）。その後、捕鯨業に注目し、それを実行する人材と設備を得るために捕鯨会社を買収するのみならず、全捕鯨会社の統合とそれらを傘下に収める方針をたてた日本産業株式会社は、この統合計画が早急に実現できないと見るや、まず最大手の東洋捕鯨を買収することへと方針を転換し、1934年、日本捕鯨株式会社が誕生する。日本捕鯨株式会社は1934年6月に、ノルウェーの捕鯨母船アンタークチックとそれに付属の捕鯨船5隻を買収することに成功する。そして、船籍が日本へと移ることにより、あんたーくちつく丸と改名された母船を日本へ回航する途中、捕獲活動と処理活動にあたる乗組員を日本より送り、ケープタウンからオーストラリアにかけての南極海での試験操業を実行する。ここにおいて初めて、日本の捕鯨業による南極海での母船式捕鯨が実現することになった（馬場、1942：92-101）。

翌1935年には、あんたーくちつく丸は図南丸と三度名前を変え、南極

海に出漁する。このような日本捕鯨株式会社の事業に対抗すべく、林兼商店は1935年に、神戸の川崎造船所において捕鯨母船日新丸の新造に着手するとともに、1936年に大洋捕鯨を設立し南極海での母船式捕鯨に参入する。そして、これ以降建造された、日本捕鯨株式会社の組織変更よりなった日本水産の第二図南丸（進水1937年）、第三図南丸（同1938年）、大洋捕鯨の第二日新丸（同1937年）、さらには捕鯨業に参入したスマトラ拓殖株式会社により、1937年に設立され、1938年より南極海での母船式捕鯨を開始した極洋捕鯨の極洋丸（同1938年）は、日本国内の造船所で建造されることになったのである（馬場、1942：101-108、263；農林省水産局編、1939：2）。

　では、以上のように開始された母船式捕鯨での捕獲活動と処理活動の技術は、どのようになっていたのであろうか。各会社の捕鯨船団は、5〜10隻の捕鯨船を備えていた。この捕鯨船自体は、沿岸捕鯨で使用されていた捕鯨船と比較して大型化し（沿岸の捕鯨船―総トン数100〜120トン、母船式の捕鯨船―総トン数約220〜390トン）、燃料は石炭から重油、機関は蒸気機関からディーゼルへと転換された（馬場、1942：158-168；農林省水産局編、1939：17-19）。また母船と頻繁に連絡する必要性から、母船式で使用される捕鯨船には強力な無線電信設備が設置された（馬場、1942：168-170）。さらには、捕鯨砲が先込式砲（砲口より火薬の入った袋、円に切ったフェルト、糸状鉋屑、ゴムパッキンを挿入し、樫の木の押し棒で固く絞め、モリを装填する）から元込式砲（薬莢式）にかわり、ロープ（モリ綱）も、いわゆるタールロープ（日本麻を組索にし、上質の精製木タールに漬け、ロープに加工したもの）に加え、マニラ麻のロープが用いられるようになった。この元込式砲とマニラ麻のロープは、前述のアンタークチックに付属していた捕鯨船に装備されていたもので、その買収によってそれらが導入されることになったとされている（馬場、1942：190-193；近藤、2001：303-305、369-370）。これらに加え、捕獲直後のクジ

ラを沈めないようにするために、ポンプを用いて腹腔に空気を送り込む技術も用いられることになった。この処置を行うことで、クジラを船舷に列ねて曳航することが容易になっただけでなく、目印の旗や灯火を設置することで、1頭を捕獲後すぐさま次のクジラを追尾できるようになったのである（馬場、1942：209-210)[22]。

処理活動においては、言うまでもなく母船としての捕鯨工船の導入が注目される。前述のようにノルウェー式捕鯨導入期には、解剖船が用いられていた。これは、その後の日本の捕鯨業においては大きく発達することはなかったが、事業場を季節の変化や漁場の興廃に応じて移動させるという不便をなくすことができるので、処理活動の設備を備え港を移動する繋留工船というかたちで、事業場を設けることが困難な南極海の島々などにおいて一時利用されたという（馬場、1942：198-200）。これら解剖船あるいは繋留工船のような初期の工船と、この時期に導入された捕鯨母船との違いは、まず最小の図南丸で総トン数約9,866トン、最大の第二図南丸で総トン数約19,425トンという、母船の大きさがあげられる。次に初期の工船では、前述のようにクジラを舷側に置いて処理活動を行っていたのだが、この時期に導入された捕鯨母船には、スリップウェーという、上甲板に穴（鯨体引揚孔）が空けられそこから水面へと至る、ちょうど滑り台のような設備が船尾に備え付けられており、捕獲されたクジラは尾ビレを先にして、そこを通ってウィンチで上甲板へと引き上げられることになったことが指摘できる（馬場、1942：68-73、173-180、200；農林省水産局編、1939：口絵、17）。

実際のクジラの処理においては、備えられているウィンチの数が増加したり、骨を裁断するための蒸気または電気を原動力とするノコギリが用いられたりする、あるいはボイラーがプレスボイラー（いわゆる「蒸し缶」方式）からハートマンボイラー・クワナーボイラー（回転胴を備えたもの）にかえられていったといった、器具の大型化・自動化・効率化が

3. 母船式捕鯨の導入過程

表1-14　日本捕鯨業による生産物（1935－1941年）

	南極海（南氷洋）			北洋			沿岸		
	鯨油(t)	塩蔵(t)	その他(t)	鯨油(t)	塩蔵(t)	その他(t)	鯨油(t)	鯨肉(t)	その他(t)
1935年	2,006	28	－				4,305	19,350	4,072
1936年	7,358	264	－				4,883	19,892	3,737
1937年	26,089	270	－				5,509	16,382	7,368
1938年	64,044	1,212	212				4,471	16,318	5,785
1939年	80,629	2,831	1,682				4,015	19,142	2,951
1940年	90,167	8,382	2,609	4,588	1,486	－	4,360	17,801	2,275
1941年	104,138	13,536	2,451	3,986	3,655	－	4,286	21,476	4,897

注1：小数点以下四捨五入。－は記載なし。南極海のものは終漁年次で示してある。
注2：沿岸捕鯨の「鯨肉」は、統計にある「肉」と「尾羽ウネ」を加えたものである。
注3：南極海の1938-41年の「塩蔵」は、『第24次　農林省統計表』に「肉、皮」と記載されているものである。

出典：前田敬治郎・寺岡義郎、1952、『捕鯨』日本捕鯨協会：116；農林水産省統計情報部・農林統計研究会編、1979、『水産業累年統計　第2巻』農林統計協会；農林大臣官房統計課、1936、1938-42、『第十二－十八次農林省統計表』；農林省農業改良局統計調査部編、1949、『第24次農林省統計表』農林統計協会。

なされたが、捕獲活動同様、その実際の工程自体は、以前の時期のものとほぼ同様であったと考えられる（馬場、1942：180-189、210-214；近藤、2001：308-310、383、386-392）。だが、クジラから生産されるものが、鯨油を主とし、鯨肉は付随的なものにとどまっていたことが、鯨肉を主とし、鯨油は付随的なものとなっていたと考えられるノルウェー式捕鯨導入期（第II期）（東洋捕鯨株式会社編、1910：56-65、119-120、163-164、253、257、*passim*）などとは異なっている。日中戦争が起こる（1937年7月）とともに、ヨーロッパでは第二次世界大戦が勃発（1939年9月）するという時代背景のもと、欧州に輸出することで外貨獲得を可能にし、また戦略上重要な物質でもあった鯨油の生産に[23]、捕鯨会社は総力を傾けたのである（松浦、1944：84-88；大村、1938；馬場、1942：3-4、299-300）。確かに当時の沿岸捕鯨や北洋における母船式捕鯨（1940年より出漁）においては、鯨肉は主要な生産物のままであり続けていた（馬場、1942：115-119、200-202、223-224）。また1937年にロンドンで調印された国際捕鯨協定において、「鯨体の完全利用」が叫ばれ[24]、これに加えて、日本国内の戦争に伴う食料・資源の不足という事態により、南極海にお

ける母船式捕鯨では、食用として少量が塩蔵される以外は海中に投棄されていた鯨油原料以外の部分を、もともと鯨油生産に特化していた捕鯨母船を改築し、また1939年より鯨肉用の冷凍運搬船を導入することで、鯨肉さらには肥料や皮革、繊維として利用することとしたのであった（井野、1940：7‑8；馬場、1942：100-102、106、111-115）。しかし統計を見ても（表1‑14）、この時期には鯨油生産が圧倒的であったのである[25]。

　ここで、実際の捕獲活動と処理活動にあたる労働者の構成に目を向けてみよう。前述のように、ノルウェー式捕鯨導入期には、砲手はすべてノルウェー人で占められていた。だがこの時期になると、沿岸捕鯨で使用される捕鯨船25隻のうち、ノルウェー人を砲手にしているものは1隻で、あとはすべて日本人の砲手になったとされている（丸川、1941：126）。しかし、日本捕鯨株式会社がノルウェーから捕鯨母船を導入する際には、南極海における母船式捕鯨の、「漁場の指導及び捕獲、鯨体の工船船上に於ける処置、鯨油採取の操作等に経験ある諾威人技術者数名」を、これに乗船させている（馬場、1942：98）。翌年の図南丸の捕鯨では、ノルウェー人技術者は採用されなかったのであるが（馬場、1942：98）、翌1936年に南極海での母船式捕鯨に参入した大洋捕鯨の日新丸は、ノルウェー人砲手を採用、また大洋捕鯨は1937年の操業にも2、3名のノルウェー人を採用することとなった（海洋漁業協会編、1939：113）。さらに1938年より南極海での母船式捕鯨に参入した極洋捕鯨においても、ノルウェー人が6名採用されているのである（岩崎、1939：56；極洋捕鯨30年史編集委員会、1968：144）。一方、母船式捕鯨にはその初期から朝鮮人労働者が従事しており、『木浦新報』1938年4月24日号によれば、図南丸には事業場のおかれていた蔚山出身者が30名、同様に事業場のおかれていた全羅南道大黒山島出身者が9名いたという（朴、1995：324）。また、捕鯨会社に就職すれば「徴用」を免れることができるということで、その後就職希望者が多くなり、第二次世界大戦終了時

には、朝鮮人の従業員は約300名に及んだという（朴、1995：324)[26]。

　以上、母船式捕鯨の導入過程についてあきらかになったことを、最後にまとめてみる。まずその導入には、大企業による資本と既存捕鯨会社の有する人材や設備の結合が必要とされた、ということである。次に、母船式捕鯨の技術の導入は、ノルウェーの捕鯨母船をまず買収するというかたちをとり、それだけではなく、南極海における母船式捕鯨の先駆者であったノルウェー人（例えば、馬場、1942：68-87）を、技術顧問的なかたちで雇用した、ということである。また母船式捕鯨には、その初期から朝鮮人労働者が従事していたこと、そしてこの時期の捕鯨業は「国策」として位置づけられ、ノルウェー式捕鯨導入期とは異なり鯨油生産を目的とした、ということもあきらかとなったのである。

4．小括

　これまで見てきた、近代の日本捕鯨業における技術の導入過程について、あきらかになったことをまとめてみる。まず、ノルウェー式・母船式の捕鯨の両方とも、新たな技術を導入する際に、その担い手としてのノルウェー人を会社で雇用するというかたちをとっていることがわかる。次に言えることは、朝鮮半島においてのノルウェー式捕鯨の開始や、母船式捕鯨導入期の「国策」のための鯨油生産というように、捕鯨の新たな技術の導入期と、戦前の日本の拡張主義的な方向性との結び付きである。そして最後に、上の二点の結果として、捕鯨会社においては、世襲制・身分制による鯨組の社会構造とは異なる、新技術の担い手として地位の高かったノルウェー人、経営者としての、及びノルウェー人にかわる技術の担い手となる日本人、そして多くが一般の船員・作業員のままであった朝鮮人といったような、国籍別の新たな社会構造が生じることになったと言えるのである。

このようにあきらかになった過程より、近代の日本の捕鯨会社による捕鯨は、それを「日本の」と表現することで実際に意味し得ることが、「日本人の経営者による捕鯨会社」ということのみであると言える。近代の日本の捕鯨会社による捕鯨は、「日本人」のみによってなされたものではなかった。言い換えればそれは、様々な文脈の中で日本の捕鯨会社の労働者となった、「日本人」ではない者たちによっても、なされたものであったのである。またそれは、「日本人」のみが有していた技術によってなされたものでもなかった。ゆえに近代の日本の捕鯨会社による捕鯨は、「日本」といったかたちで──寄せ集めではなく全体性を有する有機体であるかのようなものの一つとして、あるいは「西洋」に対するある集団化された存在として──カテゴリー化し得ないのである。そして新たな技術の導入や社会構造の変化とともに、経営者への他の業界からの参入、さらには母船式捕鯨導入期における鯨油生産への特化といった、非連続性も指摘できる。

つまり近代日本の捕鯨業は、当時の日本の拡張主義的な方向性を背景として、国籍というもので分けられた様々な人々の混成と様々な技術の混成により、これまでの捕鯨とは全く別なものとして形作られていくという過程の中にあったのである。ゆえに、「文化」を全体性と連続性を有するものとして定義するのであれば、技術導入というものの側面から見たときに、日本の捕鯨業の活動を「捕鯨文化」と表象し、それを日本の「伝統文化」とすることの正当性は、確保されていないと考えられるのである。

注
1 このような考え方は、高橋の研究を全面的に引用している森田勝昭（森田、1994：132-133、354-355）において、より顕著となっている。
2 1878年に、子持ちのセミクジラを捕獲しようとして、悪天候をおして

4. 小括

出漁したために、漁民124名が死亡した事故（熊野太地浦捕鯨史編纂委員会編、1969：341-349；森田、1994：320-324）。

3 1898年12月より事業に着手したとの記述もあるが（美島、1899：26）、捕鯨業を出願し許可された1897年（鳥巣、1999：336、353-354；東洋捕鯨株式会社編、1910：189-190）の方を採用した。

4 東洋捕鯨株式会社編（東洋捕鯨株式会社編、1910：228-229）には、長崎の「捕鯨株式会社」が1898年よりノルウェー式捕鯨を開始したとあるが、この「捕鯨株式会社」は、創業者の人名や捕鯨船の名前（初鷹丸）が同一であることから、鳥巣京一の記述にある長崎捕鯨株式会社のことであると考えられる。なお、ここでは、明示された一次資料より捕鯨業を出願し許可された年月とわかる、1897年の方を採用している。

5 その後遠洋捕鯨は、「截解兼運搬用」の帆船2隻を導入している（朝鮮漁業協会、1900：16）。

6 土佐の網捕り式捕鯨は、浮津・津呂の二つの鯨組によって行われており、これらはともに室戸岬に位置していた。この二組は、室戸岬の漁場と、足摺岬の窪津にあった漁場を、それぞれ一組ずつ、隔年交替で利用するということになっていた（伊豆川、1943：*passim* (1973c：*passim*)）。

7 壱岐・対馬・肥前国内だけでも、1799年には、鯨組が7、漁場が18あった（秀村、1952a：58-59）。

8 ケイゼルリング伯爵太平洋捕鯨会社及びホーム・リンガー商会については、朴九秉及び東洋捕鯨株式会社編（朴、1995：181-221；東洋捕鯨株式会社編、1910：185-188、191-192）を参照。

9 先行の遠洋捕鯨とホーム・リンガー商会が捕鯨業を続けられなくなったのは、韓国政府の特許を得られなかったことにも原因が求められる（朝鮮漁業協会、1900：16）。

10 遠洋捕鯨で用いられた捕鯨船烽火丸も、第一長周丸と同様に、捕鯨具をノルウェーから輸入し本体は日本国内で建造する、というかたちで造られたものであった（東洋捕鯨株式会社編、1910：189-190）。しかし、航行速度が遅いことや、砲手はノルウェー人であったが他の乗組員がノルウェー式捕鯨に不慣れであったことなどにより、クジラをほとんど捕ることができなかった。このためこの時点においてすでに、捕鯨船はノルウェーで造船し、その後それを手本にして日本で造船することが提案されている（松、1901a、1901b、1901c、1901d、1901e）。また1901年よ

り朝鮮半島近海に出漁した、山野辺組の用いた捕鯨船初鷹丸も、長崎捕鯨株式会社によって、捕鯨具をノルウェーから輸入し本体は長崎で建造する、というかたちで造られたものであった。そして、構造不完全のため初鷹丸も不漁であり、ゆえに山野辺組はノルウェー製の捕鯨船を求めることになった（東洋捕鯨株式会社編、1910：228-230）。

11　ただし、日本遠洋漁業の発起人であり、後に東洋捕鯨の監査役となる山田桃作は、網捕り式捕鯨に資金を提供していたようである。なお、岡十郎の実家は酒造業を営んでいた（福本、1978（1993）：222；東洋捕鯨株式会社編、1910：18、190、196-197）。

12　朴は金・劉姓の者を朝鮮人であるとしているが（朴、1995：287）、中国人であるという可能性もある。

13　解剖船ミハイル号は、「鯨体処理試験船」として農商務省から東洋漁業に貸し下げられた後、1906年5月から宮城県鮎川港内に係留された。しかし、当時としてはあまりの巨大さゆえに持て余し気味の状態であり、事務所及び社員宿舎として使用はされたが、捕鯨そのもののためには全く使用されなかったという（近藤、2001：230、232；東洋捕鯨株式会社編、1910：187、236-237）。『日本捕鯨業水産組合機関史』によれば、その後東洋捕鯨は、1913年4月政府によるミハイル号の払い下げを受けたが、それと同時に、石狩石炭株式会社に売却した（朴、1995：283-285）。

14　しかしながら、缶詰になったロシア太平洋捕鯨の塩蔵肉は、長崎において一缶50斤入り4円50銭の価格であったという（朝鮮海通漁組合聯合会、1902b：33）。また、表1-13で「本邦人」の塩蔵手が見当たらないのは、陸上の事業場に移ったからだと推測される。

15　遠洋捕鯨で用いられた捕鯨船烽火丸に乗船して、その捕鯨を見聞した松牧三郎は、「日本流儀の食用にする鯨肉」（松、1901d：17）を得るためには、「羽刺」による同様の血抜きが必要であると説いている（松、1901a：19-20、1901d：17）。その他、松は、「羽刺」はいわゆる水夫と比較して、クジラを見つけだしたり、潜ったクジラが出てくるところを狙って船の舵取りをすることがよりすぐれているから、「羽刺」は必要であると主張している（松、1901d：17）。実際烽火丸は、松が乗船した際、「羽刺」を2名乗せていた（松、1901a：12）。

16　この会社には、日本人31名が一般の作業員として雇用されている（阿部、1908b：13；東洋捕鯨株式会社編、1910：159）。なお、江見の記録

には、クジラを捕獲後、波が当たるのを防ぐために「屋〈尾、の誤植と考えられる〉羽」を切り落としたとあるが（江見、1907：56-57）、この会社においても捕獲の際同様の処置がなされた（阿部、1908a：14）。

17 ロシア太平洋捕鯨の場合、「脂肪皮」を解剖船に備え付けの釜にて煮沸することで製油したが、日本遠洋漁業とホーム・リンガー商会は、日本国内のそれぞれの本社所在地に運び製油したという（朝鮮海通漁組合聯合会、1902b：24、26、33-34）。

18 図によりそれが確認できるのは、『肥前州産物図考 小児の弄鯨一件の巻』（木崎、1773（1970：822））、『小川嶋鯨鯢合戦』（豊秋亭、1840（1995：340-341））、『勇魚取絵詞』（『勇魚取絵詞』、1832（1970：300））、司馬江漢による『西遊旅譚』（1794年）及び『江漢西遊日記』（1815年）（鳥巣、1999：口絵7、口絵8）などである。ただし、『熊野太地浦捕鯨乃話』（1937年）（熊野太地浦捕鯨史編纂委員会編、1969：444）及び『土佐室戸浮津組捕鯨実録』（吉岡、1938：第八図、16（1973b：412、440））では、頭を沖、尾ビレを陸というように向きを変えてから、浜に着けたとある。

19 その様子は、本章注18であげたいくつかの資料の図において、見ることができる。

20 この資料の他の県の欄には、「漁業」、「船夫」などの記述があるが、具体的な業種や会社名はわからない。それから、「朝鮮人職業別人口調」の岩手県の欄には、「漁業製塩業」11名とあるので、これが「鯨会社」で働いていた朝鮮人労働者の数であろうと推測できる（内務省社会局第一部、1924（1975：537-540））。また当時、平均して約2割は優に差がつくほど、朝鮮人労働者の方が「内地人」労働者よりも給料が少なかったのだが（内務省社会局第一部、1924（1975：496-529））、この仕事では両者の条件・給料は同じであった。なお、事業場の位置については、『大阪屋商店旬報』135号にある、「投資々料」の東洋捕鯨の欄（「東洋捕鯨株式会社 二十余万円収益増加予想」、1926）を参照した。

21 それらの者は、土佐の場合、カツオなど沿岸で行われる漁業が、動力機船を用いるようになったことで規模拡大していくのに伴って、多くはそれら漁業の従事者として吸収されていったと考えられている（伊豆川、1943：637-638（1973c：669-670））。また太地の場合、ノルウェー式捕鯨導入以前の、網捕り式捕鯨の衰退がまずもっての原因ではあるが、北

米など海外への移住が多くなっていった（原、1993：215-217；石田、1978：99-104；熊野太地浦捕鯨史編纂委員会編、1969：351-353、533）。なお、この点に関連して述べておくと、ノルウェー式捕鯨導入期に、網捕り式捕鯨を行っていた業者が、多数の失業者が出ることやその操業を危険視することで、ノルウェー式捕鯨の導入に反対したり、その導入を見送ったりしたという事実があった（秀村、1952b：105-106；鳥巣、1999：349-350；東洋捕鯨株式会社編、1910：190-191）。これは第2章注8で参照したE・P・トムスンの議論に従うなら、「自由主義経済」に対する「モラル・エコノミー」による抵抗、と解釈することも可能なのかもしれない。そして、その「導入を見送った」捕鯨会社である小川島捕鯨株式会社（鯨組が会社組織に改編したもの）は、その後この地でのノルウェー式捕鯨業を共同で（表1-1を参照）1910、1911年の2年間だけ行った後、この地での捕鯨権のみを有する名目上だけの会社として存続することになった。1919年以降この地では断続的にノルウェー式捕鯨が行われたが、1941年に小川島捕鯨株式会社と提携して行われた林兼商店捕鯨部の捕鯨では、「山見」がクジラを発見し、轆轤を用いてクジラを引き上げ、解剖は若干の林兼商店捕鯨部社員以外はすべて地元の人々で行われるということが、小川島捕鯨株式会社と林兼商店捕鯨部との話し合いによって取り決められていたという、興味深い事例となっている（近藤、2001：316-319）。

22　この技術は、すでに、前述のバンクーバー島の捕鯨会社において取り入れられている（阿部、1908a：14）。

23　鯨油はヒゲクジラから得られるナガス油と、マッコウクジラから得られるマッコウ油に大別される。ナガス油はマーガリンの原料となるとともに、そこから得られたグリセリンは爆薬の原料になった。またマッコウ油は、潤滑油として工業及び軍需用に利用された（馬場、1942：278-287）。

24　国際捕鯨協定（以下、本注においては協定と略）は、鯨油の価格安定とクジラの保護のために、国際捕鯨会議（以下、本注においては会議と略）の場で調印され、1938年5月より正式に発効した。日本は翌1938年の会議から正式に参加したが、この年は1939年より協定に加わる用意があることを示し、最終議定書のみに署名するにとどまった。1939年の会議は非公式会議として行われ、日本は修正が加えられた協定に正式に加

4. 小括

わった。だが1939年の修正決議に調印した国々の批准作業中、第二次世界大戦が勃発したため、協定そのものが立ち消えとなる（大村・松浦・宮崎、1942：266-303；馬場、1942：308-321）。

25 「常に鯨肉生産を第一義とし、鯨油生産を二の次としていた日本の捕鯨業が、この時期の南極海での母船式捕鯨のみ、例外的に鯨肉生産をおろそかにした」としばしば指摘されることは、誤解であると山下渉登は述べている（山下、2004b：217）。その理由として山下は、ヨーロッパで第二次世界大戦が勃発し鯨油の輸出が不可能になって以降、南極海での母船式捕鯨でも食料確保のために鯨肉製造が本格化したことと、江戸時代の鯨組では、鯨肉ではなく、長期保存がきくゆえに安定した商品であった鯨油が経営の柱であったことをあげている（山下、2004a：235、2004b：217）。後者については、山下はその典拠を明示していないが、それは鳥巣の研究（鳥巣、1999：91-152）にある、益富組の「算用帳」の記述であろうと思われる。鳥巣によって示されている資料を見る限りでは、山下の指摘は正しいと思える。しかしながら、「日本の捕鯨業は、鯨肉生産が第一義で鯨油生産は二の次と、常にしていたわけではない」かどうかということについては、さらなる考究を加える必要があるとも考えられる。ともあれ、ここで筆者（渡邊）が言いたいのは、鯨肉だけでなく鯨油も、日本の捕鯨業にとっては主要な生産物であったということであり、かつ山下自身が、ノルウェー式捕鯨導入期、及び敗戦直後と1960年以降の南極海の母船式捕鯨では鯨肉生産がメインとなったと述べているように（山下、2004b：175、217、240-244、258-265）、鯨肉生産と鯨油生産のどちらに力を入れるかということは、時代状況によって様々であったということである。

26 この300名という数字は、文脈より、日本水産・日本海洋漁業統制株式会社でのものであると推測し得る。また時代状況により、これらの人々の多くが、一般の船員・作業員であったであろうことも推測できる。

第 2 章
経験の交錯としての暴動
―「東洋捕鯨株式会社鮫事業場焼き打ち事件」の分析―

1. はじめに

1.1 本章の課題

　第1章で述べたように、ノルウェー式捕鯨導入以降、網捕り式捕鯨が行われていた地域だけではなく、それが行われていなかった、別の言い方をすれば鯨組のような規模でクジラが捕獲され利用されていなかった日本国内の各地においても、ノルウェー式での捕鯨業が行われるようになっていった。では、そのような新たに捕鯨業が展開されるようになった地域で生活していた人々、とりわけその地で漁業を営んでいた人々は、クジラを捕るという行為を目の当たりにして、何を考え、どのように対応したのであろうか。それを探ろうと試みるのが、本章の課題である。

　実際のところ、そのような捕鯨業の登場に対して、人々はそれを好意的にとらえたわけではないことが、各地において報告されている。1906年に千葉県銚子で東洋漁業による事業が開始されると、銚子の漁民たちは事業場の閉鎖を叫んで集まり実力行使の構えを見せたが、最終的には仲裁が入り、詳細は不明だが一定の条件の下で操業するということで事態は収拾したという（大野、1907：555-556）。また、石川県宇出津に東洋捕鯨の事業場が開設された時（年度不明）、富山湾の漁民たちは捕鯨

の実施に反対した（綾部、1910；松崎、1910）。さらには、その後日本の沿岸捕鯨の中心地の一つになる宮城県鮎川においても、東洋漁業の進出(1906年)当初は捕鯨反対論が起こり、結局は県水産当局、牡鹿郡郡長、当時の鮎川村当局などの調停により、東洋漁業は鮎川村に毎年300円ずつ寄付することで、一応は決着を見たとのことであった（近藤、2001：231-237）。

　このような、とりわけその地で漁業を営んでいた人々との間に生じた軋轢や衝突の中で、最も激しいものであったと考えられるのが、1911年に当時の青森県三戸郡鮫村において起こった、同年より事業を開始した東洋捕鯨の事業場をその地の漁民たちが焼き打ちし、死者・重軽傷者を出したという事件、いわゆる「東洋捕鯨株式会社鮫事業場焼き打ち事件」である（以下、単に事件と略）。

　この事件は他の事例と比較して、その激しさゆえに、後述するように当時の人々の思考の過程にまで接近できるような資料を残すことになった。また、捕鯨業との間で生じた軋轢や衝突の中での頂点をなすものと見なせるゆえに、その地で漁業を営んでいた人々の考えが、他の事例と比較してより明確に現れていると考えられる事例である。そこで本章では、この事件を事例として取り上げることで、先に述べた課題について応えることにしたい。

1.2 分析視角

　この事件については、すでにいくつかの先行研究が存在している。それらのうち、最も詳細なものが石田好数の研究であり（石田、1978）、その他、概説的なものとして八戸社会経済史研究会（八戸社会経済史研究会編、1962：199-219）や青森県民生労働部労政課（青森県民生労働部労政課編、1969：103-113）のもの、資料紹介的なものとして佐藤亮一のもの（佐藤、1987）、事業場に勤めていて事件にあった者の語りを伝えて

いる近藤勲のもの（近藤、2001：291-296）などがある。

　これらの先行研究によって、この事件のあらまし、原因、背後関係などはそれなりにあきらかにされていると言ってよい。ただし、その過程の描き出し方が、全く問題のないものとなっているわけではない。その問題とは、この事件の首謀者が誰であり何を考えていたのかということを探ろうとするあまり、焼き打ちにおよんだ漁民たちの実際の姿が、あまりあきらかにされていないことである。すなわち、先行研究のような描き出し方には、漁民以外の者を含む首謀者による煽動によって漁民が暴動を起こしたという図式が、あるいは何らかの煽動がなければ漁民は行動を起こさないという考え方が、前提とされているのである[1]。

　本章であきらかにしたいのは、むしろ、漁民たちの実際の姿、そして、その集団を集団たらしめたのは何であったのかということである。またこの点は、当該事件が仮に誰かによる煽動ゆえに起こったものであったにしろ、その煽動が漁民たちの間でどのように理解されたのかということとして、残されたままの考察すべき問題となっていると考えられるのである。

　さらに本章では当該事件を、先行研究のような政治史または経済史的な文脈ではなく、今日までの社会学的な議論の文脈に乗せて、分析を加えたいと考えている。これまで暴動といった事象については、社会学においては社会運動論というかたちでの中で、主に取り上げられてきたように思われる。そして、現在の社会運動論の研究においては、政治的機会構造[2]・資源動員[3]・フレーミングの三つが、社会運動を分析する際の主要な要素であるとして定式化されているようである（McAdam, McCarthy, and Zald eds., 1996；田窪、1997）。これらのうち、政治的機会構造や資源動員に関わると見なせる部分については、この事件においては／においても、取り上げることが可能であるし、また取り上げやすいものである。しかしながら、そうすることは、先行研究の文脈に類似したかたちで、

もう一度この事件を分析することになると思われるのである。ゆえに本章では、フレーミング、すなわち「人々の集団による、集合行動を正当化し動機づけるものである、世界及びその集団自身についての共通の理解をつくり出そうとする、意識的・戦略的な活動」(McAdam, McCarthy, and Zald eds., 1996 : 6) と定義される[4]事柄に関わると見なせるものについて取り上げ、分析を加えることにしたい。

ただし本章では、「外部」に向かってのフレーミングではなく、「内部」に向かってのフレーミングに焦点を合わせることにする。ここで言う「『外部』に向かって」とは、支持者を得ていくために、ある集団が「世界」に対して、自らの主張などを訴えていく過程のことをさす。これに対して、「『内部』に向かって」とは、その集団が「我々」であると見なしているような人々の間において、共通の理解をつくり出そうとする過程のことをさしている。このように分けたとき、フレーミングというのは実際には、実証的研究の困難性とともに、現代におけるメディアの発達への注目などとも相まって、あきらかにされるフレーミングが「外部」へのものに偏在しがちになってしまうということも、理解できよう[5]。しかし、漁民たちの実際の姿、そして、その集団を集団たらしめたのは何であったのかということについて見ていくのであるなら、「内部」に向かってのものについての考察が必要であると考えられるのである[6]。

ではこのような、「内部」に向かってのものを考察していこうとした場合、何に注目したらよいのであろうか。ここでは、今日の社会運動や暴動に対する研究、あるいは資源動員論以降の社会運動論においては、社会運動や暴動の中の秩序立てられたものや規範といったもの、そしてそれら社会運動や暴動と日常的紐帯との関係などが、主として論じられるようになってきていることに注意したい。つまり社会運動や暴動の非日常性よりも、それらと日常性との関係に関心が集まっているのであ

る[7]。そこでは社会史的研究の成果が参照されているようであるが[8]、ただ事例で取り上げるのが、日本での近代という時期における、漁業を営む集落で生活する人々である以上、そのような場での日常性といったものがどのように考えられるのかということに気をつけなければならない。

　鳥越皓之は、日本の農村社会学や近代史研究をふまえながら、各人の経験を基盤とした生活意識の、共有された観念世界を生活世界と呼んだ上で、この生活意識は、具体的な行為を行う際にはその判断の根拠となる知識として活用されるとして、その知識を日常的な知識と呼んだ。さらに鳥越は、その日常的な知識を、(1) 個人の体験知（体験そのものではなく、体験の知識化されたもの）、(2) 生活組織（ムラ・コミュニティなど）内での生活常識、(3) 生活組織外からもたらされる通俗道徳、の三つに分類した（鳥越、1997：27-32）。これらのうち、生活常識は、「自分たちの日常生活をよりうまく送っていくための生活組織みずからの知恵の累積」（鳥越、1997：31）と定義され、また通俗道徳は、国家権力が創出した道徳であり、勤勉・倹約・孝行・正直といった概念群であると説明されている（鳥越、1997：29-31）。

　この鳥越の三つの区分は、日本での近代という時期における、漁業を営む集落の日常性というものに注目する際には、とりあえず参照する必要があると考えられるが、はたして生活組織外からもたらされるものが通俗道徳だけなのかといったこと以上に、検討すべき部分がある。鳥越が通俗道徳という概念を引用したのは、安丸良夫の研究の一部（安丸、1965a）からであり、鳥越はそれを、国家が民衆を支配することを目的として創出したものであるとしている（鳥越、1997：26、29-31）。しかし、安丸自身は、その研究全体において（安丸、1965a、1965b）、あくまでも近世中期以降の民衆思想としての展開を見ていく中で、民衆思想としての通俗道徳が民衆の自己形成・自己鍛錬の努力を動機づけたもので

あり、さらには民衆の自己形成・自己鍛錬が、近代において、一揆なり新宗教運動なりの形態をとった社会批判を支えるものとなっていたことを強調していた。これより、通俗道徳は、国家権力を自覚的・無自覚的に支えるものというだけでなく、場合によってはそれが、国家権力への対峙に際し何らかの働きをするものであるということも、考えていかねばならないということになろう。

　また、これら三つの区分は、あくまでも区分として静的におかれているのみであり、生活常識は変化するという指摘は一応あるものの（鳥越、1997：43）、通俗道徳の浸透過程といったこれら三つの動態、さらにはこれら三つの関係といった部分については明確に示されているわけではない。しかし本章では、当該事件によってこの地で何が変わったのかということを探るという意味でも、この部分についてもふれていく必要があるだろう。

　以上の議論をまとめると、漁民たちの実際の姿とともに、その漁民たちの集団が「我々」であると見なしているような人々の間において共通の理解をつくり出そうとする過程について、漁民たち自身の経験をふまえた日常的な知識とその変化に注目して、あきらかにしていくということになる。そこで以下、これを分析視角として、この事件について見ていくことにしよう。

2. 事例

2.1 事件の概要

　まずは、前述の先行研究をもとに、この事件の概要について述べておくことにする。

　1907年に設立された大日本捕鯨株式会社が鮫村に事業場を設置しようとしたのは、1909年のことであるらしい。この計画に対して、漁民一般

に相談せずに付近の漁業組合の理事が事業場の誘致に同意したことについて、漁民たちは反発し、三戸郡役所に漁民が大挙して押し寄せる騒ぎとなった。この結果、各漁業組合は事業場設置への同意を取り消し、結局、県当局が当該事業場設置を許可せず、計画は中止となった。しかし、事業場誘致をすすめた地元の有力者は、デモンストレーション的にクジラの曳航や解剖を行い、その際出たクジラの血や油が漁業に有害かどうか論争がまき起こった。

その後、東洋漁業や大日本捕鯨株式会社などが合併して誕生した東洋捕鯨（表1-1を参照）は、再び事業場設置を計画し県に出願、同様の反対運動があったものの、鮫村村長は県に事業場設置は村の発展上利益を認めると内申、最終的に、農商務大臣は1910年9月19日付けで、事業場設置を許可した。

これに対して、付近の村議会の反対決議や、漁業組合理事らの内務大臣への設置中止の哀願等、反対の動きは続けられた。その後、鮫漁業組合へは、補償金としてクジラ一頭について10円を支払うことになったが、その他の近隣の漁業組合へはなんらの補償もなされなかった。

1911年4月17日より9月までの予定で、東洋捕鯨は事業を開始した。事業は極めて良好であったので、東洋捕鯨は2ヵ月間の漁期延期を農商務省に申請し、許可が下されないまま、すなわち結果的には違反操業というかたちで、10月に入って6頭のクジラを捕獲し解剖した。

11月1日早朝、鮫村近隣の者を中心とする漁民数百名～1,000名は、鮫事業場を襲撃し、火を放った。その後、漁民たちは、東洋捕鯨社員が常時利用していた旅館、駐在所、そして事業場誘致をすすめた地元の有力者宅を次々と襲ったが、昼頃になって暴動は沈静化する。事業場における衝突による死傷者は、漁民側は死者1、重傷者2（うち1名は後に死亡）、軽傷者9、警察側は重傷者4、軽傷者4、会社側は重傷者3、軽傷者11（石田、1978：285）と記録されている。

翌2日より漁民の検挙が開始される。12月6日予審決定[9]、1912年2月5日より青森地方裁判所で公判開始、3月16日に判決が下された。その内容は、懲役8年7名、懲役6年9名、懲役2年7名（うち3名に執行猶予3年）、懲役1年7名（うち3名に執行猶予3年）、罰金40円6名、無罪4名、病気のため訴訟手続き停止中1名であった。この判決に対して控訴がなされたが、明治天皇が死去したことにより、1912年9月27日全員大赦となった。

2.2 用いる資料

　ここで私が資料として主に用いるのは、八戸市立図書館にマイクロフィルム化されておさめられている、『鯨会社焼打事件公判記録』である。この資料は、この事件の被告となった者のうちの何人かが弁護を依頼した、当時の著名な弁護士・花井卓蔵の事務所が作成したもののようである。マイクロフィルムは2巻あって、1巻目には証人尋問調書、現場検証、死亡者・負傷者の診断書などが写されており、2巻目には被告人調書と判決が写されている。そして、この資料で私が注目したいのは、2巻目にある被告人調書である。と、いうのも、ここには実際に暴動に参加した漁民たちの発言が記録されており、ここから、当時の漁民たちの意識の面まで接近することが可能なのではないか、と考えられるからである。なお、以下本章においてこの資料を参照する際には、1巻目の場合は「マイクロA」、2巻目の場合は「マイクロB」と記すことにする[10]。

　その他、当時の状況や公判の様子などを知るために、当時発行されていた新聞を利用することにした。その新聞とは、青森県の県紙として現在でも発行されている『東奥日報』、そして、八戸において発行されていた『はちのへ』と『奥南新報』である。ただし、これらの新聞は、当時は政党・政治団体の機関誌であった。『東奥日報』は、1888年に当時

の自由党大同派（四分五裂していた自由党の大同団結を呼びかける）の機関誌として創刊された（八戸社会経済史研究会編、1962：115）。また、『はちのへ』は、八戸最初の新聞である『八戸商報』（1900年発刊）を1902年より改称したもので、このころから、自由党系・旧士族の人々によって1889年に結成された「土曜会」の機関誌となった。さらに『奥南新報』は、改進党系・商家の人々が「土曜会」に対抗すべく同時期に結成した「公民会」の、その中の一派（「奥南派」）によって1908年に創刊されたものであった（八戸社会経済史研究会編、1962：110、115-116、147-148）。『はちのへ』―「土曜会」と『奥南新報』―「奥南派」は、ことあるごとに激しく対立したが、事業場設置の問題については、『はちのへ』が設置賛成派で、『奥南新報』は設置反対から、後に賛成へと転じることになった（石田、1978：240-269；八戸社会経済史研究会編、1962：148-150、204-206）。ゆえに、これらの新聞は、ある程度バイアスがかかったものと理解した上で、資料として利用する必要があるものである。

2．3 漁民たちの家計について

これより以下、事例の分析に入ることにするが、最初に、当時のこの地の漁民たちが、どのような生活を送っていたかということについて述べておきたい。

幕末以降より農産物の商品作物化が進展するのに伴い、イワシを煮て製造する鰯粕は全国的に高い需要をもつことになった。そして、この地の漁民はイワシを地引網でとり、鰯粕を製造していたのであるが、地引網は岸近くにイワシが寄らない限りそれを捕獲することができず、ゆえに需要がありながらその生産は停滞を続けていた。そこで、19世紀末にこの地に改良揚繰網（まき網の一種）を導入し、さらにその改良を重ねて成功をおさめることになったのが、長谷川藤次郎であった（石田、1978：181-185、224-228；八戸社会経済史研究会編、1962：200-203）。なお

2. 事例

表2-1 被告となった人々

	A	B	C	D	E	F	G	H
事件時の年齢(満)	33	39	44	49	51(生年月日不明)	46	60	24
職業		五十集商又は漁業	農業、肥料製造業	漁業	肥料製造業	漁業	鰮粕製造業	漁業
村税	3円11銭	36円78銭(父納付)		34円61銭		8円14銭	12円82銭	
年収	なし	約400円(父?)	約1,500円	約500円			約200円	約3,000円(戸主)
家族	7人(母妻子4人)	2人(父)	4人	10人		5人		
軍隊経験	陸軍後備役上等兵	なし	なし	日清戦争従軍			なし	
役職	漁業組合理事	なし	なし	なし		漁業組合評議員	なし	
判決	無罪	懲役2年	懲役2年	懲役1年	懲役6年	懲役6年	懲役6年	懲役8年

	I	J	K	L	M	N	O	P
事件時の年齢(満)	34	48(生年月日不明)	39	64	45(生年月日不明)	61	47(生年月日不明)	29
職業	漁業	漁業	漁業又は無職	漁業	肥料製造業	漁業	漁業	漁業
村税	21円28銭(戸主納付)	43円45銭(戸主納付)		294円65銭	24円40銭	16円69銭	15円83銭	48円27銭(戸主納付)
年収	約400円(戸主?)	1,500円(戸主)	なし	10,000円	1,700円	500円	400円	1,200円(戸主?)
家族		7人	1人	9人	10人	3人	7人	11人
軍隊経験	日露戦争従軍、後備役陸軍歩兵伍長	なし	なし	なし	なし	なし	なし	なし
役職	なし	なし	元漁業組合評議員	村会議員	区会議員			
判決	懲役8年	懲役6年	懲役8年	懲役2年執行猶予3年	懲役2年	懲役2年執行猶予3年	懲役2年執行猶予3年	罰金40円

第2章　経験の交錯としての暴動　67

	Q	R	S	T	U	V	W	X
事件時の年齢(満)	29	32	35(生年月日不明)	21	33	37	29	37(生年月日不明)
職業	漁業	漁業	漁業	漁業	漁業	漁業	漁業、肥料製造業	漁業
村税	15円70銭				11円50銭(戸主納付)	〈不鮮明〉	82円53銭(戸主納付)	
年収	約300円	約2,000円	本人なし、約4〜500円(実父)	約300円		〈不鮮明〉		なし
家族	4人(戸主外3人)	4人	11人		4人	7人	5人	13人
軍隊経験	日露戦争従軍、陸軍歩兵上等兵		なし	なし	「北清事変」(1900年)従軍、海軍一等機関兵	なし	日露戦争従軍	なし
役職	なし							
判決	罰金40円	懲役2年	罰金40円	無罪	懲役1年	罰金40円	罰金40円	無罪

　長谷川は、後に地元の有力者として事業場誘致に邁進し（石田、1978：235、240-246、253-254）、焼き打ちの際には家屋を破壊され、漁網などは焼かれている（「鮫漁民暴動詳報」、1911）。
　このように地引網・揚繰網でイワシ漁を行っていた漁民たちの生活のありようについて、もう少し具体的に迫ってみる。表2－1は、マイクロBにある、予審段階のものと考えられる被告人調書（証人や参考人としての訊問調書、警察による聴取書や「犯人素行調書」を含む）に書かれている、被告となった人々の姿（資料として残っていない人のものを除く）をまとめたものである。まずこれよりあきらかとなる、当時のこの地の漁民たちの家計の面について見てみる。比較のために、当時の農民の一年間の収入や支出について、表2－2にまとめた。また、当時「細民」と表現された、過酷な状況にあった都市生活者たちの収入と支出について、1912年に東京と大阪で行われた調査より見てみると、その一所帯一

68 2. 事例

表 2-1 （続き）

	Y	Z	AA	AB	AC
事件時の年齢(満)	31(生年月日不明)	46(生年月日不明)	41(生年月日不明)	26	27
職業	漁業	漁業	漁業	漁業	
村税	9円60銭（戸主納付）	1円13銭（戸主納付）			
年収	250円(戸主？)	〈不鮮明〉	約4～500円	約500円	
家族	8人	6人	14人	8人	
軍隊経験	なし	なし	なし	予備役陸軍歩兵一等卒	日露戦争従軍
役職			村会議員候補者		
判決	懲役1年執行猶予3年	懲役1年	罰金40円	懲役1年	予審にて免訴

注1：資料に記載がない場合は空欄にしてある。
注2：記載は、『鯨会社焼打事件公判記録』への登場順である。
注3：住所が記されている者のうち、AB以外は、すべて同一の行政村の住所となっている。
注4：資料に生年月日が記載されている者は、それより事件時の年齢を判断しているが、資料に年齢は記載されているが生年月日は記載されていない者については、「(生年月日不明)」と明示した上で、その記載されている年齢を記してある。
注5：家族については、資料に単純に人数のみが書いてある場合はその人数を記し、家族構成等が書かれている場合は、その内容によっては人数とともに家族構成も明示し、家族人数等に本人を加えた数を家族の人数としていること等、表の作成にあたっての筆者（渡邊）の判断を示してある。

出典：『鯨会社焼打事件公判記録』；『鮫暴動予審終結』、1911a、『奥南新報』12月10日号。

カ月平均の収入は28円12銭、支出は28円10銭であり（内務省地方局、1914（1992：612-619））、一年で計算すると、収入337円44銭、支出337円20銭となる。漁民の支出そして収入の内容が不明であり、かつ農民や「細民」の収入の内容とは相違があると考えられるという留保つきながら、単純な収入の比較を行うと、Lのように「地主」の収入をはるかに越える人物がいる一方で、何人かの漁民は決して裕福とは言えない生活を送っていたと推測し得るのである。

また、収入の相違から見て、被告となった、すなわち当局によってこの事件の中心人物と判断された人々は、様々な階層から構成されていたということがわかる。さらには、収入の多寡が、判決による量刑の多寡

表 2-2　農民の収入・支出（1911年）

	「地主」	「自作農家」	「小作農家」
家族数（人）	8	7	6
収入（円）	4,097	804	613
支出（円）	3,435	738	584
収支差引（円）	662	66	29

注：「地主」は24カ村、「自作農家」と「小作農家」は27カ村の平均である。

出典：齊藤萬吉、1918、『日本農業の経済的変遷』（多田吉三編（抄録）、1992、『家計調査集成9　明治家計調査集』青史社：224-254）。

に結び付いていないことも確認できる。これらより、この事件は、集落全体で取り組まれたものであるということが、この表2-1からあらためてうかがうことができるのである。

2．4　原因についての漁民の語り

次に、この事件がなぜ起こったのかということについて述べたいのだが、このことについては、当然のことながら、すでに前述の先行研究において言及されている。しかしそれを先行研究から抜き出し列挙することはせず、あくまでも当時の漁民の語りの中からあきらかにしていきたい。

警察当局がまとめたと考えられる「犯人素行調書」には、「犯罪の動機」として、例えば以下のような記述がある。

　　鯨油血ハ漁業ニ有害ナリト迷信シ夫レカ為メ犯罪動機トナリ意志ヲ生シ今回暴動ニ就テハ〈人名、略〉等ノ煽動ニ依リ出場シ現場ニ於テ働キヲ為シタルモノナリ（マイクロB、表2-1のBについての「犯人素行調書」より）

2. 事例

　この記述は、わずかな表現の違いはあるが、ほとんどすべての「犯人素行調書」に共通のものとなっている。すなわちこれが、警察当局による、漁民たちが焼き打ちを行った「公式の」理由ということになろう。

　これに対して、漁民たちは、どのような理由を語っているのであろうか。そこで、被告人調書での予審判事とのやりとりの中から、「捕鯨に反対か」ときかれた際の漁民たちの回答など、その理由に関わると考えられるものすべてを、以下に示す。

　〈(1) Fの回答、その1〉
　問　証人ハ捕鯨ニハ賛成カ反対カ
　答　害ノ有無ハ調査ノ上テナケレバ分リマセヌケレトモ只何ントナク捕鯨ニハ反対テアリマス

　〈(2) Fの回答、その2〉
　問　被告ハ十月三十一日舘鼻ニ寄合フテ捕鯨會社焼打ノ相談ヲ為シタルカ
　答　舘鼻ニハ日寄見等ニ朝夕参リマスノテスケレトモ決シテ會社ヲ焼打スル様ナコトハ相談シタルコトハアリマセヌ又ソー云フ相談ノ場ニモ寄合ツタコトハナイノテアリマス
　　　私ハ鯨捕レハ害カアルカ堂カ能ク分ラヌノテスケレトモ漁カナイノテスカラ或ハ夫レカ為メカト思フ処モアリ反對ノ旨申上ケタノテアリマシタ

　〈(3) Gの回答〉
　問　証人ハ捕鯨ニ反対カ
　答　反対テモ賛成テモアリマセヌ

第 2 章　経験の交錯としての暴動　71

〈（ 4 ） I の回答〉
問　参考人ハ捕鯨ニ賛成カ反對カ
答　捕鯨ニモ解剖ニモ反對テス鯨ヲ□ツテモ鰯ハ寄ツテ来ヤセンシ又解剖シテ血ヤ油ヲ流サレルト魚カ死ヌノテス

〈（ 5 ） L の回答〉
問　ヒ告ハ捕鯨解剖ニ反対カ
答　鯨ノ血ヤ油カ流レレハ漁カナイト云フテ願書ヲ出シテ止メテ貰フ様ニ願ツタ一人テス

〈（ 6 ）W の回答〉
問　証人ハ捕鯨ニ反対カ
答　鯨ハ神様テスカラ取レハ悪イノテス

　2番目にある、Fの回答その 2 で言われている「舘鼻」とは、その場所にあった「水難救済所」のことである。10月31日にここに漁民たちが集まり、どのような話がなされどのようにして決定に至ったかは不明なのだが、そこでの話し合いの中から鮫事業場に行くことが決まったとされており、ゆえに被告となった人々の多くが、ここでの話し合いに参加したかどうかということを、予審判事から問われている（マイクロB）。
　さて理由については、わずか 5 名の者の語りしか、資料からはうかがうことができないのであるが、それでもそこには、あいまいなものから、非常にはっきりとした反対の理由を述べているものまであることに気づく。もちろんこれは、取り調べという場であるということで、態度をあいまいなものにしている者がいるということ（被告人調書によれば、被告となった者たちは全員焼き打ちへの関与について否定している）に由来しているし、また漁民たちの間には、焼き打ちへの様々な参加理由があっ

たということだとも考えられる。

とはいえここでは、この語られた理由の中から、漁民たちの考えとしてはっきりと述べられたもの、すなわち、クジラを解体するときに生ずる血や油によって魚が寄り付かなくなったり死んだりするから、というものと、クジラは神であるから捕獲してはならない、とするものについて、注目する必要があるだろう。そこで以下、これらについて、より詳細に分析してみることにする。

2.5 恵比須と公害—語りの分析—

まずは、クジラは神であるから捕獲してはならないとすることについてだが、これは何も、表2‐1のWの特異な発想であるというわけではない。と、いうのも、予審決定書において、このことに関わる記述があるからである。句読点のない文章であり長文になるとやや読みにくくなるのであるが、それを以下に引用しよう。

> 由来被告等の地方に於ては鯨を御恵比須様と称して之を尊崇するの念厚く鰮漁は鯨の游泳に関する多しと為し沖合遥かに鯨鯢の潮吹を望見するや合掌三拝して漁獲に幸あらんを祈るの慣習あり従て種々口碑に伝はる俚諺ありて要は鰮の海岸近く郡来するは恵比須様の沿岸漁民に恩沢を与ふるものなりと今時に於ても漁民の一部は之を信し居るか故に捕鯨のことあるを聞くや鯨を捕獲するか如き将た之を解剖して血油を海中に流散するか如きは言語同断〈原文ママ〉の所行と為し且つ捕鯨船の使用は魚族の集来を妨け又は之を散乱せしむるとの杞憂を抱き〈以下略〉(「鮫暴動予審終結」、1911a)

すなわち予審判事は、この地では昔よりクジラをイワシ漁に恩恵をもたらす神として崇拝するという習慣があり、これが、漁民が捕鯨に反対す

る理由となっていることを認めているのである。このことは、W以外の被告となった漁民たちが、資料としては残っていないものの、同様の回答を予審判事とのやりとりにおいて語ったことを示唆していると考えられるのである[11]。なお、クジラを恵比須といったかたちで信仰の対象としているのは、この地の主要な漁獲対象であるイワシをクジラが食せんとして追いかけることで、それを沿岸へと導くからであると、報道において述べられている（「捕鯨暴動事件所感」、1911）。

では、このような漁民たちの思考については、どのように見ていけばよいのであろうか。前述した鳥越による日常的な知識の区分に従えば、クジラをイワシ漁に恩恵をもたらす神とするという漁民たちの思考は、人々とともにイワシを捕るという、日々の繰り返される行いの中から形成されてきたものであると考えられるゆえに、この時点における生活常識、ということになろう。これより、日常的な知識としての生活常識が、漁民たち自らが焼き打ちに参加することに対しての共通の理解をつくり出すことについて作用していたということが、あきらかになるのである[12]。

次にもう一つの、クジラを解体するときに生ずる血や油によって魚が寄り付かなくなったり死んだりするから、ということについて考えてみよう。確かにこのことは、先に引用した予審決定書のように、クジラを神として崇拝するということの延長線上にあるものとすることも可能ではあろう。また、警察当局がこのことを「迷信」であるとしたことの一端は、同様の理由からであると考えられる[13]。しかし、焼き打ち以前から、血や油が有害であるかどうかについては、この地において論争となっており（石田、1978：240-254）、さらには、予審決定書（「鮫暴動予審終結」、1911a；「鮫暴動予審終結」、1911b）も判決[14]も、血や油が有害であるか否かということについては明確な判断を出していないことには、注意する必要があろう。

はたしてクジラを解体するときに生ずる血や油は、漁業にとって有害であったのであろうか。この点についてあきらかにするために、マイクロＡにある、鮫事業場長、及び東洋捕鯨常務取締役への証人尋問調書を見てみよう。これによると、鮫事業場での解剖は、クジラを完全に陸上に引き上げて解剖を行う方式（第1章を参照）で行われ、血液はいったんためた後、それをポンプによってため池にまで運ぶというようになっていたと語られている。しかしながら、これと同時に、県当局から血や油などに対しての処理について注意を受けたことや、6月には一週間に37頭も捕れるなど、鮫では予想以上にクジラが捕れたため、処理に困り血を海に流してしまったことがあったことなど、その処理設備が不完全であったことも認めているのである。実際のところ、1911年4月から10月までの鮫の捕獲頭数は、ナガスクジラ240頭、イワシクジラ23頭（10月に捕獲されたのは、ナガスクジラ3頭、イワシクジラ3頭）の、合計263頭であり、これは、一年度における一つの事業場においてのヒゲクジラの捕獲記録として、最高のものであるとされている（近藤、2001：292-293）。また、約300頭のクジラを事業場において解剖したとの記述もあるので（八戸社会経済史研究会編、1962：206）、これらの鯨種以外のものを捕獲していた可能性もある。近藤勲によれば、このような大量の捕獲があったため、東洋捕鯨からの肥料原料買取権者だけではその処分が追いつかず、それは事業場誘致をすすめた地元の有力者の関係者の手によって（つまり事業場誘致に反対した者は排除されるかたちで）、肥料として製造されることになったという。またこのような大量の捕獲は、多くの血液や鯨油、さらには加工による廃液を海中に流すことになる。沿岸捕鯨の会社に勤務していた近藤は、大量のヒゲクジラを解体し未処理のまま放棄した場合、水深3メートル程度の海底まで血液は粘土状に凝固蓄積することになり、また煮汁血液などを大量に投棄すると、地形にもよるが、魚族は酸素欠乏によって死ぬことがあり、ホッキガイ（北寄貝）

も死滅する、と述べている（近藤、2001：292-294）。

　これらより、当時の鮫事業場付近の海域では、クジラ解体に伴う水質汚濁が生じていたと見なすことが妥当であると考えられるのである。すなわち、現代の言葉で言うなら、鮫事業場は公害の発生源となっていたのである。ゆえに、クジラを解体するときに生ずる血や油によって魚が寄り付かなくなったり死んだりするとした漁民たちの思考は、まさに自らが経験しつつある事柄から生じたものであり、またそれは、クジラをイワシ漁に恩恵をもたらす神とするという漁民たちの思考と、「神であるクジラを捕獲した結果、水質汚濁のためにイワシなどが捕れなくなる」というかたちで偶然であるが見事に組み合わされて、捕鯨に反対する意識として人々の間で共有されるものとなっていったと理解することができるのである。

2.6　軍隊経験の意味

　これらに加え、漁民たちの考えを見ていくにあたって、注目する必要があると考えられることがもう一点ある。それは、表2-1にある被告となった人々に、一定の割合で軍隊経験者が含まれているということである。公判の様子を伝える新聞記事（「鮫暴動事件公判」、1912）[15]も参照すると、実際には、マイクロBに記載されていない者を含め、被告41名中、少なくとも8名の者に軍隊経験があったということがわかる。また、現場にて即死した漁民も、日露戦争に従軍していたことが報道されている（「鮫漁民暴動詳報」、1911；「漁民暴動余聞」、1911）。

　焼き打ちにあたっては、まず7名で構成された「先発隊」（死亡した2名はこの中に含まれる）が、事業場に向かったとされているが、この中には少なくとも2名の軍隊経験者がいた（石田、1978：284；佐藤、1987：25）。また、20～30名の「漁民決死隊」が組織され、この「漁民決死隊」が、警察官と激しく衝突したり他の漁民を指揮したことが報道

されている（「捕鯨会社焼撃事件続報」、1911；「鮫漁民暴動詳報」、1911）。これらの事実などにより、焼き打ちは計画的かつ組織的に実行されたことがうかがえる。この点については、いわゆる百姓一揆の経験が、漁民たちの間にこの時期においても伝えられていたことを推測する意見もある（八戸社会経済史研究会編、1962：209；石田、1978：275-282）。「伝統」と暴動との結合を見ようとする立場（本章注7参照）からは、この事柄に注目する必要があるかもしれないが、しかしながらそのことについては、資料においては確かめられない。その可能性が全くないわけではないが、それよりも、軍隊経験者・戦争経験者がその経験にもとづいて漁民を組織・指揮し、また自らも先頭に立って「戦闘行為」をなしたと考える方が自然であろう。

　漁民たちがあきらかに職業軍人でない以上、徴兵制（1873年、徴兵令発布）によって兵となったはずである。兵となるということは、単純に銃の扱い方など「戦いのやり方」を学ぶというだけのことではない。それには、「戦いのやり方」をはるかに越えた身体全体で、すなわち戦闘時においてなされるものだけではなく、歩き方、ふるまい、作法などのようななにげない体の動きにおいても、ある意味「変わらなければ」ならなかった。それとともに、意識の面でも「変わらなければ」ならなかったと考えられる。意識の面において必要となるのは、軍人勅諭（1882年）の文言をあげるまでもなく、「国家のため」に自らのすべてを賭して戦うという考えであろう。このことは、軍隊という装置を通じて国家権力を支える道徳が人々に浸透していくということを意味し、そしてこれは、勤勉・倹約・孝行・正直といった概念群である通俗道徳が、民衆の日常的な知識となっていくことの一つの回路と言うことができよう。

　しかしながら、近代日本の捕鯨は、遠洋漁業奨励法（1897年公布）における奨励金公布対象の漁業の一つとなっていたこと（石田、1978：42-46）をはじめとして、本書で述べていくように、その導入期のみならず

(東洋捕鯨株式会社編、1910：195-196)、常に国家の庇護のもとにあった。また鮫事業場のある地においては、捕鯨業はこの地のみならず国家の利益にもなるという主張がなされていた（例えば、「捕鯨半歳の観察」、1911)。そして、暴動を起こすということは、世の中を騒がせ、警察権力と対峙するという行為である。つまり、捕鯨会社を焼き打ちするということは、国家及びその活動に対して異を唱え実行に移すという側面を有するのである。

焼き打ちが計画的かつ組織的に実行されたと思われることに注意すれば、もし漁民たち、とりわけ軍隊経験者が「国民」、すなわち自己規律的な主体として自らを構成し、自ら自身が国家によるその支配へと参加していくような人間（フジタニ、1994：170）であったとしたら、この事件には積極的に参加せず、また先頭に立ってそれを実行することもなかったのではないだろうか。この意味で漁民たちは、「国民」にはなりきっていなかったと考えられる。では、そうであるならば、それはなぜなのであろうか。

軍隊経験者が自らの集落に戻り日々暮らしているのみであるならば、軍隊での経験はあくまでも個人的体験の部分でとどまることになるはずである。ゆえに、軍隊経験者が「国民」となり、そして「国民」であり続けるためには、なんらかの媒介項、すなわち日常的にそれをお互いに確認できる／させられるような集合体のようなものの存在が必要だったのではないか、と考えられる。実際のところ、軍隊経験者どうしは交流しており、この地にはいわゆる「在郷軍人」の集まりといったものが存在していたことがうかがえるのだが（マイクロBにおける、Q、ABに対する「犯人素行調書」)、そのネットワークが、この事件に対してどのように働いたのかということについては、不明である。

次に、漁民一般について見ると、表2−1にある被告となった人々の何人かが、文字を書くことができなかった（マイクロBによる）[16]ことか

らわかるように、「国民化」への主要な装置の一つであったと思われる学校教育が開始されて間もなくであったので(学校令発布1886年、教育勅語発布1890年)、この地では何人かの人々はそれを受ける機会がなく、またそれによる影響を受けることも少なかったのではないか、ということが推測される。

　だが、これらの推測よりも、漁民一般、とりわけ軍隊経験者の有していた、勤勉・倹約・孝行・正直といった概念群とされる通俗道徳が、この地の人々の自己形成・自己鍛錬の努力を動機づけたかどうかはともかくとして、集落なり仲間なりのために、国家権力に対してまさに命がけで立ち上がるという動きを支えることになったと解することもできるのではないか、とも思えるのである。つまり、「国民化」が実行されておらず、この時点における生活常識とそれにもとづく規制の方が支配的であり、そこに「戦いのやり方」だけが接合したということのみでなく、徴兵制や学校教育以前からの存在である民衆思想としての通俗道徳、あるいは軍隊における「国民化」としての国家権力を支える道徳の浸透への努力が、逆説的だがその国家への対峙を支えるものを促す働きをしてしまったという可能性がある、ということなのである。

　原田敬一は、戦死者への追悼を考察していくという文脈において、軍隊で精神主義や「忠君愛国」が強調されるようになったのは日露戦争後であるということと、日露戦争後に忠魂碑が登場し第一次世界大戦後に急増すること、換言すれば、生きてかえってきた者を含む、国家への義務を果たした人々をたたえる地域の様々な記念碑が、忠魂碑に一元化されていくこととの関連を指摘している(原田、2001：243-250)。原田はそこで、「忠魂碑だけが建てられる時代になると、民衆のまなざしは、国家の向こうにもう一つ天皇という姿を見なければならなかった」(原田、2001：247)と述べている。これより、「国民」となることが貫徹するには、忠を尽くす神的存在として、国家の向こうに天皇を見なければ

ならなかったこと、そして、この事件に参加した軍隊経験者は、軍隊という装置を通じての国家権力を支える道徳の浸透が、そこまでには至っておらず、ゆえにそれがズレていく可能性があるものであったということを、確認することができるのである。

2.7 事件のその後

前述したように、有罪となった人々が全員大赦となったことで、この事件は一定の決着を見たわけであるが、その後のこの地における捕鯨業、そしてそれへの漁民たちの対応は、どのようなものとなっていったのだろうか。最後に先行研究においてほとんど触れられていないこの点について、あきらかにしていきたい。

大赦となってから約3週間後の1912年10月16日に、焼き打ちに参加した漁民たちの住む地にある寺院において、被告となった者とその関係者による、明治天皇への「奉悼会」が開かれた。参加者は、被告となった者たちのほか、青森地方裁判所検事、八戸区裁判所検事、八戸警察署長、地元有力者など、総勢約150〜200名であった。そこではまず、地元各宗派寺院住職による読経と参加者による焼香が行われ、続いて「精神講話会」が開かれた。その「精神講話会」の内容であるが、まず焼き打ちに参加した漁民たちの住む村の村長が、開会の辞を述べるとともに、大赦伝達の際に検事正が被告となった者たちに述べた「訓諭」の印刷物を朗読し、被告となった者たちはこれを「座右の銘として朝夕服膺すべき」（「漁民謝恩会」、1912）であると説いた。その他、青森地方裁判所検事が「謝恩の実を挙げよ」、八戸区裁判所検事が「犯罪の怖るべき事」、八戸警察署長が「報恩の実行的方面」、寺院の組織の代表が「忠君愛国」、有力者代表が「一致の精神」について話したとされている（「漁民謝恩会」、1912；「十王院の奉悼会」、1912）。これらの中で、青森地方裁判所検事が話したことが、最も詳細に記録されている（「謝恩の実を挙げよ（一）」、

1912；「謝恩の実を挙げよ（二）」、1912；「高木検事の訓話　（一）」、1912；「高木検事の訓話　（二）」、1912；「高木検事の訓話　（三）」、1912）。そこでこの人物は、「報恩」の心を忘れないと同時に、いかにして「報恩」の行為を事実において表すべきかを考えよとし、被告となった者たちが心がけるべきことを箇条書きのかたちで述べている。そして、「聖恩」に報いるために実行するべきこととして、国法に従うこと、兵役の義務を全うすること、納税の義務を全うすること等々をあげ、「依て以上の数項を朝夕服膺すると共に事実行為に表し来らば忠良なる国民たる事を得諸氏の浴せし宏大なる御聖恩には報へ奉るを得べきなり」（「高木検事の訓話　（二）」、1912）、と語ったとされている。

　ここに、明治天皇の死去による大赦という事実を用いて漁民たちを「国民」とすることを貫徹しようとする、権力者たちの強力な意志が見えるのである。もちろんこの場で話されたことを、漁民たちが額面通りに受け取り、日々実行したわけではないだろう。と同時に、検挙され収監されるという経験を経て、これらの話を心に刻み込んだ者もいたかもしれないことも否定できない。また、これまでのこの事件に関わる文脈においては、「国民」となるということは、捕鯨を認めるということと限りなく等しくなっていることにも注意しなければならない。そこで次に、捕鯨がどのようになったかについて見てみる。

　東洋捕鯨は、1912年5月31日付けで、青森県に対し事業場再開の申請を行うとともに、6月中旬には再築した事業場を落成、6月29日には捕鯨船を出漁させている。この間、東洋捕鯨社長・岡十郎は、地元関係者と協議を重ねたようである（石田、1978：326）。東洋捕鯨は1912年7月10日、この地の漁業組合の一部に対して、（1）事業場の設備はクジラが100頭位捕獲されるという前提で作られたが、その約3倍ものクジラが捕れたため、解体する際に生ずる血などが海へと流出したこと、及び許可期限後に捕鯨をしたため漁民の感情を害したことについて、書面あ

第 2 章　経験の交錯としての暴動　81

図 2-1　鮫における捕鯨頭数

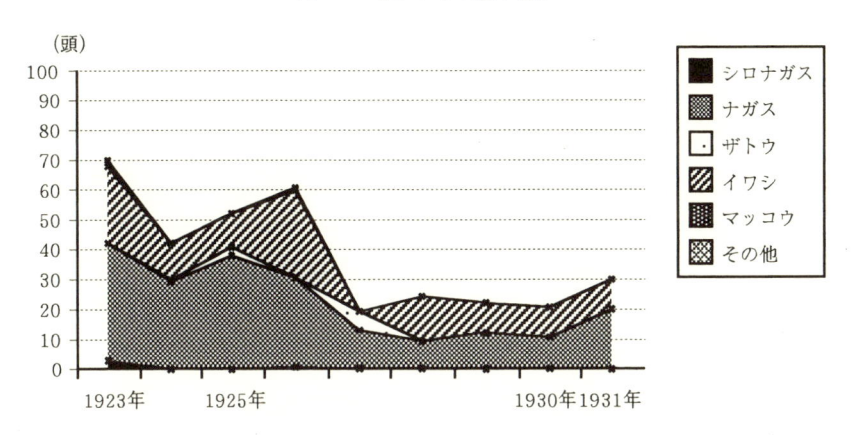

注 1：「その他」には、コククジラとセミクジラも含めた。
注 2：1922年以前は、断片的なデータしか存在しないと考えられるので、省略した。
出典：近藤勲、2001、『日本沿岸捕鯨の興亡』山洋社：293；農林大臣官房統計課、1926-33、
　　　『第一一九次農林省統計表』；農商務大臣官房統計課、1925、『第四十次農商務統計表』。

るいはこの事件の法廷においてそれを立証する、(2) その裁判費用に充てるための資金の提供、(3) 被告が刑に服している間は、なるべくその家族を事業場で雇用する、(4) 従来関係していた業者を除くこと致し方なく、この他、この地にて捕鯨に関係する事業を起こす者があれば便宜をはかる、(5)「捕鯨事業夫」は、その業務に熟練することを待って、漸次この地の労働者を雇用する、という内容の念書を提出している（石田、1978：326-327）[17]。また岡は、この事件の関係者に、事業場の設備不完全や許可期限を守らなかったことなどについて陳謝したという（青森県民生労働部労政課編、1969：111；佐藤、1987：37）。このような岡の対応について、石田好数はその人徳を強調しているが、むしろ同時に指摘している鮫事業場付近が捕鯨漁場として有望であったからということの方が（石田、1978：326-328）、捕獲頭数が極めて多かったことから鑑みるに、その理由としてより説得的であろう。

このようにこの地での捕鯨は再開されたのだが、それから20年後の1932年、今度は会社自らの手で、鮫事業場が閉じられることになったのである。このようなことになった原因について、当時の新聞報道は、「休場の原因は漁があつても儲からないからと云ふに在るらしいが漁があつて儲からぬ原因は不景気で鯨肉、鯨油骨粉等の安くなつたのにも在るけれど原因は他にも伏在するらしい」(「東洋捕鯨会社で鮫事業場を休む」、1932)と伝えている。実際のところ、1931年の世界の鯨油生産は、南極海での捕鯨の進展に伴って過去最高の614,496トンを記録したが、生産過多に加え世界恐慌の影響を受け鯨油価格は暴落、その結果、前の漁期には41であったものが、1931／32年漁期にはわずか五つの捕鯨母船しか、南極海に出漁できなくなっていた(馬場、1942：78-84)。そして、東洋捕鯨自体、1930年に初めて無配当を決議している(第1章を参照)。これとともに、図2-1よりわかるように、事業開始当初に比べてこの地ではクジラがあまり捕れなくなってしまったことも、その一因としてあげることができるだろう[18]。

当時の新聞報道はさらに、鮫事業場の閉鎖に伴い、約500名の失業者が出るとともに、事業場で働く人々をその客としていた商業者も大きな打撃を受ける、とした上で、「往年は鯨油が魚類に害をなすから置けないと云つたのが今日では〈改行〉失業者を出したくないから何とか休業しないで欲しいと云ふのが地方人の希望となつてゐる」(「東洋捕鯨会社で鮫事業場を休む」、1932)と伝えている。漁民たちの思考については、これ以上は知ることができない。ただ、この地の漁民が事業場で雇用され、20年の間にクジラを捕獲し解体していくことが日常化していき、漁民たちの生活組織の様態、そして生活常識といったものも大きく変化していったことは、十分考え得ることであろう。

統計によれば、これ以降第二次世界大戦前までには、鮫においては1933年にイワシクジラ1頭の捕獲があるのみで、その他の年にはクジラ

は捕獲されていない（農林大臣官房統計課、1934-36、1938-40）。第二次世界大戦後、1947〜49年の間に、鮫では少量のクジラが捕獲されたことが統計より確認できるが（農林省農業改良局統計調査部編、1949-51）[19]、事業場は1949年に再び閉鎖された（前田・寺岡、1952：111）[20]。

3. 小括

　漁民たちが、クジラを捕るという行為を目の当たりにして、何を考え、どのように対応したかということについて、「東洋捕鯨株式会社鮫事業場焼き打ち事件」を取り上げて見てきた。本章を閉じるにあたり、以上の分析よりあきらかになったことをまとめよう。

　事業場が公害の発生源となることで、あきらかにこの地の漁民は被害を受けていた。何人かの、決して裕福とは言えない生活を送っていたと推測し得る漁民たちは、特にそれが大きな痛手となっていただろう。一方この地には、この時点において、人々とともにイワシを捕るという日々繰り返される行いの中から形成されてきた、クジラをイワシ漁に恩恵をもたらす神とする生活常識があった。これらは、「神であるクジラを捕獲した結果、水質汚濁のためにイワシなどが捕れなくなる」というかたちで組み合わされて、捕鯨に反対する意識として人々の間で共有されるものとなっていき、さらには様々な出来事の積み重ねの中で、最終的には焼き打ち前日の話し合いにおいて、閾値を越えるものとなっていったのである。

　また、漁民たちの意識の面に関連することとして、被告となった人々の何人かに、軍隊経験者が含まれていることもあきらかとなった。しかし、焼き打ちが計画的かつ組織的に実行されたと思われるゆえに、これら軍隊経験者であったとしても、「国民」にはなりきっていなかったと見なせるのである。これより、民衆思想としての通俗道徳、あるいは軍

3. 小括

隊における国家権力を支える道徳の浸透への努力が、国家への対峙を支えるものを促す働きをしてしまったという可能性が指摘できた。

だが暴動によって、この地では捕鯨がなされなくなったわけではなかった。結果、クジラを捕獲し解体していくことが日常化していくことで、漁民たちの生活常識が大きく変化していったと考え得る。また暴動の発生という事柄を前にして、明治天皇の死去による大赦という事実を用いて、漁民たちを「国民」とすることを貫徹しようとする権力者たちの試みも見ることができた。

これらのことから、この事件に関わる文脈においては、「国民」となるということは、捕鯨を認めるということと限りなく等しくなっていると言えるのである。このことはすなわち、事業場ができるまでは、この地では通俗道徳と、クジラをイワシ漁に恩恵をもたらす神とすることをはじめとする生活常識が並存していたが、そのようなありようは、焼き打ちを経て、天皇制国家を支えることを第一とする道徳と、クジラを捕獲し解体していくことが日常化していくことで形成される生活常識へと、それらが手に手を取っていくかたちで変わっていくことになったと言えるのではないだろうか。

いずれにせよ、本章では、漁民たちの経験が交錯するものとして、暴動を見ることができた。しかし経験というものが、つくられていくという側面を有する以上、経験が交錯することで暴動を見ることがなくなるということも、また見ることができるのである。

注

1 これに対しては、E・P・トムスンが『イングランド労働者階級の形成』において、19世紀初頭のイングランドにおけるラディズム（繊維関連の仕事にたずさわる職人たちによる機械打ち壊し）を分析した際に提出した先行研究批判と類似したことが言えるだろう。トムスンは、ラディズムを当局のスパイの煽動によるものだとしてしまうと、その体制転

覆的な性格をとらえることができず、またラディズムに連帯し当局への密告者を村八分にしたような地域コミュニティの文脈にラディズムを位置づけられないと述べた（Thompson, 1980＝2003：684-716）。つまりラディズムが民衆の主体的行為であったことや、ラディズムを生み出した民衆の世界を描き出すことができないとするのである。

2　政治的機会構造は、中澤秀雄ほかの研究にある S. Tarrow による定義によれば、「運動の成否に関する行為者の期待に影響を及ぼすことによって、集合行為に対する誘因を提供したり、運動行為を抑制したりする、運動を取り巻く政治的コンテキスト」とされており（中澤ほか、1998：144）、換言すれば、社会運動が政治的に訴える際などにおける状況や回路といったものをさすと考えられる。これを形作る要素は、固定的なもの（議会や市民参加などの制度）と流動的なもの（政策、政治的言説、政党や市民などの間の同盟関係など）に分けることが可能であり、そして、その政治的機会というものは、「いつ」運動が起こるかを説明するとされている（田窪、1997：135-139）。

3　資源動員とは、金銭的・物質的な資源や、いわゆる「人的資源」、さらには人間関係やネットワークといったものを、社会運動のために用いることをさす。

4　このフレーミングの定義は、A・メルッチの言う「集合的アイデンティティ」、すなわち、「個々人と組織それぞれが、自らの行為の意味とその行為にとっての機会と制約のフィールドを明確にするという、一つの相互行為の過程」（Melucci, 1996：67）というものと類似している。これには理由がないわけではない。と、いうのも、フレーミングというのは、メルッチによる、「『自由裁量資源』〈特定の行為者には入手可能であり認知できる資源〉や『機会構造』〈現存するシステムにおいて利用可能となる機会〉といったような資源動員論のキー概念は、『客観的』現実を引き合いに出しているのではなく、行為者にとっての環境によって提供される可能性と限界を、行為者が認知し評価し決定することができるということを意味しているのである。したがって資源動員論は、行為者が自らのアイデンティティを構成する過程を暗黙の前提としているのであるが、その過程の考察を怠っている」（Melucci, 1989：34）という批判に代表されるような、前述した定式化を行った論者たちがこれまで展開してきた資源動員論というものに対する、社会心理学的要因の欠

3．小括

如というかたちでの批判に応えるべく、導入されたものであると考えられるからである。

5 例えば、前述した三つの要素による分析として、1996年に町の原発政策に対する住民投票を成功に導いた、新潟県巻町の「住民投票を実行する会」の運動についての田窪祐子の研究がある。そこでは、いわゆる反原発派と「住民投票を実行する会」を対比させることで、特定の政治的主張を展開する運動ではなく、「公的意志決定を本来あるべき形で行うことを求める運動」というフレームを形成したこと、あるいは「町民の意志で決めるのが民主主義」というフレームや積極的な「情報公開」によってメディアの注目を獲得したことなどが、あきらかにされている（田窪、1997：142-143）。しかし、その「住民投票を実行する会」を構成する人々の間において、どのようにして共通の理解が得られ、それがどう展開したのかについては、ほとんどあきらかにされていない。

6 本章注4であげたメルッチは、分析の関心がどちらかというと、「外部」に向かってのものではなく、「内部」に向かってのものにあると思われる。それはメルッチが、A・トゥレーヌの「社会学的介入」という方法に影響を受けながら、社会運動を行うグループと積極的に関係していき、その中からある集合行為が生み出される過程というものを探ろうとする方法を、実証的な研究において行った（Melucci, 1989：197-204, 235-259＝1997：259-268, 311-347）ということからもあきらかであると思われる。そして、筆者（渡邊）の「内部」に向かってのフレーミングへの注目は、この、今日の社会運動に対するメルッチの議論を意識してのものである。

なお、トゥレーヌの「社会学的介入」という方法について簡単に記せば、それは、（1）運動家によって構成される「介入グループ」が、複数の対話者（運動の支持者、敵対者、あるいは専門家）と議論を交わす、（2）研究者集団は、「アジテーター役」と「セクレタリー役」に分かれ、「介入グループ」の構成メンバーに自らの行為の条件と意味について分析するよう働きかける、（3）「転回（conversion、回心）」…研究者集団は仮説を立て、運動家たちの行為における可能な限り最も高次な意味を、「介入グループ」に示す。そして、この視点から行為を理解するように促す、（4）「永続社会学（sociologie permanente）」…研究者集団は第1回目の結論となる報告文を作成し、これを「介入グループ」とその他の

運動家グループとともに討議する。この過程の中で研究者集団は、介入で得られた分析を行為者がどのようにして行動プログラムへと還元するか、その能力に注目する、というものである。詳しくはトゥレーヌ自身の研究（例えば、Touraine et al., 1980＝1984）を参照のこと。

7 　例えば吉田竜司は、1961年に起こった釜ヶ崎第一次暴動の、「群集特有の相互作用」を分析することで、「群集行動と制度的行動の間の連続性」を指摘している（吉田、1994）。そこにおいて吉田は、暴動参加者の行動は、日常的な「意味世界」、すなわち「観察者にとって、ある社会集団において通底すると見なされる、自己を含めた環境に対する意味付与の総体、もしくは最大公約数」（吉田、1994：84）と密接に関わっているとするのである。そして、その行動は釜ヶ崎に対して〈オソレ〉・〈アワレ〉という両義的なまなざしを向ける「世間」に配慮したものであり、また「世間」も、単なる受動的な「観衆」ではなく、暴動参加者の行動を媒介し、時には決定しさえもするという役割を担っていると見なせることも、あきらかにしている。

　また、松田素二は、M・ド・セルトーが言うところの「戦術」、すなわち「これといってなにか自分に固有のものがあるわけでもなく、したがって相手の全体を見おさめ、自分と区別できるような境界線があるわけでもないのに、計算をはかること」「その非―場所的な性格ゆえに、時間に依存し、なにかうまいものがあれば『すかさず拾おう』と、たえず機会をうかがっている」（de Certeau, 1980＝1987：26）ようなものとしての日常的実践に注目し、そこに何らかの創造性とともに、「伝統」と「抵抗」との結合をも見ようとする（松田、1996、1997）。松田によれば、今日の権力観は、マクロ（全体的）・ハード（強制的）・ホモ（一枚岩的）なものから、永続支配を可能にするようなかたちの、ミクロ（日常の微細な場に宿る）・ソフト（単純な「悪役」ではない、ある種の快楽をもたらすものとしての）・ヘテロ（個別化され異質化されながら全体として他者支配を支える）なものへと移りつつあり、それとともに「抵抗」についても、ミクロ・ソフト・ヘテロなものとしてとらえられるようになってきた、とされている。換言すれば、組織的で激しいかたちでの「抵抗」よりも、日常の微細な生活実践の中に盛り込まれた（ミクロ）、受容と屈伏の中に潜んだ（ソフト）、そして被抑圧者という一枚岩の集合体という枠を超えた異化された（ヘテロ）「抵抗」に、注目が集まっ

3. 小括

てきているというのである。松田は、自らが「ソフト・レジスタンス」と呼ぶ、「押しつけられた法や規範を利用して、その目論見とは別な多様なものを創造していく過程」(松田、1997：123)であるこの種の「抵抗」が、暴動というものの中においても見いだすことができると主張する。すなわち、暴動というものの中においても、ある種の価値と規範が創造され、そしてそれは、「日常世界を支える伝統性と連続するもの」(松田、1997：129)だとするのである。

　この他、メルッチも、村落や同一の人種とされる人々の間における結び付きなどによる共同体や、趣味などの特別な関心にもとづく結び付きによる連合体といった、集合行為が生じる以前に存在した組織への「所属のネットワーク (network of affiliation)」が、「集合的アイデンティティ」の基礎を形成すると指摘している (Melucci, 1996：289-292)。

8 本章注1で参照したトムスンは、ラディズムが引き起こされた原因として、次の二点を指摘している。一点目は、一定の徒弟奉公期間を義務づける(結果として不熟練労働者の流入を抑えることになる)といった温情主義的法律 (paternalist legislation (Thompson, 1980：594))が廃止されるなど、慣習と法によって社会に根付いていた職人たちの権利が、この時期に侵害されるようになっていったことである。二点目は、機械を使う工場という制度における価値観や生活様式が、職人そしてそのコミュニティの価値観や生活様式に侵入してきたことである。この二点目は言い換えれば、職人によるものを工場における単純労働でまかなうようにする結果、賃金を引き下げたり熟練の水準を低下させることになる、「自由主義経済」が侵入してくることに対して、職人たちすべての生活を支え得るような生産物の正当な価格や公正な賃金、あるいは相互扶助的な慣行といった、トムスンの言うところの「モラル・エコノミー」にもとづいて、人々は抵抗したということである (Thompson, 1980＝2003：619-656)。本章注7で引用した松田は、『イングランド労働者階級の形成』ではないトムスンの研究を参照することで、先に示したような暴動における「伝統」の再活性化を、「モラル・エコノミー」に言及しつつ論じている (松田、1997)。ただ、イングランドにおける労働者階級の形成という文脈においては、「モラル・エコノミー」を延々と続く職人層あるいは民衆の本質だとし、それがその形成を支えたのだとすることは、トマス・ペインの著作や、様々なかたちでのメソジスト(キ

リスト教の一派）の影響など、複数の要因の絡み合いがトムスンによって示唆されていることを鑑みるに、議論の余地があるように思われる。

9　予審とは、旧刑事訴訟法に定められていた、公訴提起後、公判手続前の、裁判官による取り調べ手続で、事件を公判に付すべきか否かを決定し、同時に公判で取り調べ難いと思われるような証拠の収集・保全を目的とする手続をいう。この手続は非公開で、弁護士の立会もなく、しかも予審の結果を記載した予審調書は、公判法廷において無条件に証拠能力を有した（末川編、1978：1005）。

10　マイクロフィルムは2巻とも、その撮影の失敗のために文章が不鮮明となっている部分が少々ある。八戸市立図書館の職員の方の話によると、このマイクロフィルムは専門の業者ではなく図書館職員によって作成されたために、このようなものとなったとのことであった。

11　引用した予審決定書の内容と同様のことを、襲撃された、事業場誘致をすすめた地元の有力者の一人が、予審段階において証人として語っていることを、この事件の判決文（本章注14参照）よりうかがうことができる（佐藤、1987：98）。しかし、資料が散逸してしまったせいか、マイクロAにある証人尋問調書において、この人物に対する尋問は確認できなかった。

12　焼き打ちへの参加に対しては、一戸一名必ず参加し、もし参加しなければ制裁を覚悟しなければならないといった規約が結ばれたと言われている（マイクロBにおけるK、N、Oの語りなど；「鮫暴動予審終結」、1911b）。動員ということについて考えるならば、このことは、生活組織における日常的紐帯が動員に一定の役割を果たした事実としてあげることができよう。

13　本章の「はじめに」で述べたような、各地で生じたノルウェー式捕鯨反対の動きにおいても、漁獲対象である魚をクジラが追いかけることで沿岸へと導くからだということや、クジラを解体するときに生ずる血や油が有害であるからということが、理由となっているようである。このような主張を、東洋捕鯨は「迷信」であるとして否定している（「怒涛の響」、1910；松崎、1910；東洋捕鯨編、1910：242-244）。

14　判決については、佐藤の本にある判決文全部の現代語訳と考えられるもの（佐藤、1987：73-135）を参照しており、マイクロBにある判決は参照していない。

3. 小括

15　公判の様子を伝える記事は、『はちのへ』及び『奥南新報』にも掲載されているが、一部の公判の日のもの以外、その内容は全く同じである。掲載日の最も早い『東奥日報』の記事を、『はちのへ』及び『奥南新報』が引用したと考えられるので、内容に相違のある公判の日のもの以外は、『東奥日報』の記事の方を参照することにした。

16　訊問終了後、裁判所は、被告人などになった者に対して、その調書を読み聞かせ、これを承認する署名と捺印を求めている。この際に、文字を書くことができないがゆえに裁判所書記が代筆した、と記載されている者が、表2-1の29名中5名いる。ただこの署名・捺印の部分が省略されている調書もあるので、文字を書くことのできなかった者はもっと多かったのではないかと推測される。

17　石田好数の著書には、この資料そのものが引用されているが、出典が明示されておらず、ゆえにそれを調査の過程で見いだすことができなかった。

18　結局、最初に述べた銚子・宇出津・鮫では事業が行われることになるのだが、すぐに「資源」として有用とされた比較的大型のクジラの減少を招くことになる（岡田、1916）。そして、銚子・宇出津では遅くとも1926年までに事業が行えなくなり、また本州や九州の、鯨組のような規模での利用があった地域でのその捕獲も漸減していった。その結果、日本の捕鯨業は、朝鮮半島の他地域だけでなく、北海道東部及び千島・樺太に事業場を求めていくことになる（農林省水産局編、1939：5-9；太田、1927；東洋捕鯨株式会社編、1910：目次9、19-20）。

19　1947年29頭（ナガス13、イワシ6、マッコウ10）、1948年14頭（ナガス6、イワシ4、マッコウ4）、1949年8頭（ナガス3、イワシ4、マッコウ1）である。

20　1956年（1956／57年度漁期）の日新丸船団の南極海での捕鯨において、母船の日新丸と冷凍船の2隻に乗り組んでいる、処理活動に従事する労働者640名のうち、「青森県八戸地方」の出身者が132名いたことが、『読売新聞』において報道されている（「"南氷洋移民"の記録」、1957）。これは、事業場閉鎖後、鮫事業場で捕鯨に従事していた労働者が、あるいは鮫に事業場があった関係でこの地の人々が、南極海での母船式捕鯨に従事するようになったということを示していると考えられる。

第3章
クジラ類の天然記念物指定をめぐって
―産業としての野生生物の利用を考える―

1. はじめに

　本章では、クジラ類に関わる保護をめぐる制度の歴史について、あきらかにしていくことを目標とする。その際には、天然記（紀）念物の指定を中心とした、野生生物保護に関係すると考えられる制度そのものの歴史を振り返るという作業を行い、その中で、クジラ類に関わる保護をめぐる歴史について取り上げるというかたちにしたい。そして最終的には、現在の野生生物保護をめぐる制度や試みに対して、議論を加えることにする。と、いうのも、クジラ類については、いわゆる捕鯨問題としてその保護をめぐる議論が広範囲かつ突出したかたちで交わされてきており、よって、それを振り返ることで、現在の野生生物保護一般の議論に対しても、何らかの有効な論点を提供できるのではないかと考えられるからである。

　そこで以下、本章では、まず動物についての天然記念物の保存要目を確認した後に、天然記念物として指定されたクジラ類の生き物——具体的にはスナメリとコククジラ——の、その保護の過程や内実について検討する。そして、この結果をふまえつつ、最後に野生生物保護のありかたに対して、若干意見を述べることにしたい。

2. 天然記念物の保存要目について

　さて、具体的な事例の分析に入る前に、本章冒頭より用いている、野生生物の保護というかたちで用いる場合の「保護」という言葉のもつ意味の多義性について、立ち入っておきたい。森岡正博は、「我々はどうして自然を守らねばならないのか」という回答のもつ論理には、「人間のために自然を守る」とする「保全 conservation」と、「自然のために自然を守る」とする「保存 preservation」の二つの思想があると指摘している。その上で森岡は、この二つの対立軸とともに、開発を行ったりあるいはその規制を行ったりするなどの人間が自然に手を出すことに、賛成か反対かというもう一つの対立軸を組み合わせて四つの場合分けを行っている（森岡、1999：32-48）のだが、ここでは特に、保護というものは、「保全」と「保存」という二つの考え方に分けられることに注意したい。この点をふまえた上で、本章では、その「保全」思想の論理を突きつめたかたちのものである、野生生物を「資源」と考え、比較的規模の大きな経済活動として、その野生生物自体から得られるものを用いていこうとし、そしてそのために「資源」を保護しようとするような、産業としての野生生物の利用というものを、とりわけ考察の俎上にのせたいと考えている。

　では、一般に野生生物保護に関わるものと考えられている天然記念物の制定にあたっては、どのような論理が盛り込まれていたのであろうか。**資料3-1**は、1919年に公布された史蹟名勝天然紀念物保存法によって守るべきものをあげた要目（1919年12月28日決定（『官報』2258号（1920年2月16日））[1]）のうち、動物についてのそれを抜き出したものである。これを見ると、「著名」であったり「特有」なものであったりすると見なされる動物や、その数が減少している動物を天然記念物としようとし

第3章 クジラ類の天然記念物指定をめぐって

資料3-1　史蹟名勝天然紀念物保存要目

史蹟名勝天然紀念物ニシテ保存スヘシト認ムヘキモノノ種類大要左ノ如シ（本要目ニ揚ケタル例ハ説明ノ便宜ノ為ニセルモノニシテ直ニ之ヲ指定スルノ趣旨ニアラス）

〈中略〉

　　　　天然紀念物
天然紀念物ニシテ保存スヘシト認ムヘキモノ左ノ如シ
　　　其ノ一
一、動物ニ関シ保存スヘシト認ムヘキモノ左ノ如シ
　　一、現時日本ニ存在スル著名ノ動物ニシテ世界ノ他ノ部分ニ未タ発見セラレサルモノ（例セハ台湾ノみかどきじ及はなどり、琉球諸島ノあかひげ、奄美大島ノるりかけす、同島産黒兎等）
　　二、比較的近世マテ世界ノ他ノ部分ニモ存在セシモ爾来漸ク其ノ数ヲ減シ現時ハ僅ニ日本ニ於テノミ其ノ遺類ノ発見サルルモノ（例セハ日本海ノ兒鯨(コクヂラ)）
　　三、日本ノ領域領海ニ存在シ近時ニ至リテ漸ク其ノ跡ヲ絶タントシツツアルモノ（例セハへらさぎ、だいさぎ、とき、のがんノ類、北海道及樺太ノ黒貂、樺太ノ麝香鹿、千島ノ臘虎、樺太ノ膃肭獣、沖縄ノ儒艮等）
　　四、日本特有ノ産ニアラサルモ東亜著名ノ動物トシテ之カ保存ノ望マシキモノ（例セハはんざき等）
　　五、著名ナル動物ノ蕃殖地又ハ渡来地（例セハ山口県熊毛郡八代村及鹿児島県出水郡阿久根ニ於ケル鶴類へ〈原文ママ〉渡来地、兵庫県出石ノ鶴山（こうのとり）ノ蕃殖地）青森県八戸蕪島うみねこ蕃殖地、高知県蒲葵島おほみづなぎどり蕃殖地、富山県越中沿岸ニ於ケルほたるいかノ群游スル海面其他小禽類ノ蕃殖地ト渡来地トヲ兼ネタルモノ等）
　　六、日本ニ於テ発見サル各種ノ象、犀、鹿等ノ巨獣及其ノ他著名動物ノ遺物発見地
　　七、山地、平地、沼地、森林、沼湖、海浜、河海、島嶼、洞窟等ニ於ケル特有ノ動物或ハ動物群全部
　　八、日木〈原文ママ〉ニ特有ナル畜養動物（例セハ土佐ノ長尾鶏、鶉尾、ちやぼ、狆、土佐犬、秋田犬、隠岐馬、土佐駒、種子ケ島うしうま等）
　　九、家畜以外ノ動物ニシテ海外ヨリ我国ニ移植セラレ現時野生ノ状態ニアル著名ナルモノ（例セハ対馬ノ高麗雉、肥前ノかささぎ、小笠原島ノ鹿）

〈後略〉

注：この資料の作成においては、ふりがなは省略していない。

出典：『官報』2258号（1920年2月16日）。

ていることはわかるが、そうすることに含まれているであろうと考えられる野生生物保護の理由や目的については、うかがい知ることは困難なものとなっている。

　そこで次に、法律案や保存要目などの作成の議論に加わることなどで天然記念物の制定に深く関わった（三好、1929：376-380）、動物学者・渡瀬庄三郎（1862-1929）の考えを見てみることにする[2]。渡瀬は1921年の著作（談話）（渡瀬、1921a、1921b、1921c、1921d）において、「自然界の復旧事業」、すなわち国立公園や自然保護区を設けたり、生物を保護したりすることの目的を、最終的に三つにまとめている。それらは、「一、学術研究材料の保存を図る事、二、自然界の利源の絶滅せざるやう之を保護増殖する事、三、自然美享楽の境域を保存し、且つ之を後世に伝へて、永く子孫をして其恩恵に浴せしむる事」（渡瀬、1921d）の三点である。そして、とりわけ三番目の目的に関わるこの事業を、「十九世紀の終り頃より二十世紀に渉つて起つた人類の自省的行為で、又一方殺伐な機械的な物質的文明の好ましからざる趨勢に対する反対的努力である」（渡瀬、1921a）としている。しかしながら、他方、「学術を応用して〈中略〉、荒廃に帰せんとする自然界を出来るだけ、旧の状態に復し、或は旧時代以上の成績を挙ぐるやうにする」（渡瀬、1921c）とし、その例として、野生のキツネを養殖することで多くの利益をあげることになった、養狐事業[3]を引き合いに出す。その上で、「今日生存して居る野生動物の中にも、充分研究して見たならば将来有益なものがあらうと思はれる。〈中略〉それ等の研究の届かぬうちにさういふ候補者たる野生の生物を絶滅に帰せしむるのは、吾人の忍びない所である」（渡瀬、1921d）と述べるのである。

　これより、大きな産業を生み出すことになった物質文明への内省といった部分がまったくないわけではなかったのであるが、渡瀬にとっての野生生物保護の目的は、あくまでもそれを「自然界の利源」として利用

し何らかの利益を得るというような、産業としての野生生物の利用のためと見なせるようなものであったと考えられるのである。

こうした理念が提示される中で、動物を天然記念物に指定することは開始されたと思われるが、ではその後、実際には、動物たちはどのような理由でもって、天然記念物となるなどして保護されていったのであろうか。そこで次に、クジラ類を取り上げることで、それを具体的に検討していく作業に移ることにしよう。

3. スナメリの天然記念物指定をめぐって

スナメリはネズミイルカ科に属しており、体長は成獣で1.2〜1.9m。ペルシャ湾から東南アジアをへて日本近海までの沿岸海域及び主要な河川に分布し、日本近海においては、九州西部、瀬戸内海、そして門司から富山湾までの日本海沿岸と、紀伊水道から仙台湾までの太平洋沿岸域に分布している（Carwardine, 1995＝1996：238-239；粕谷、1994；日本哺乳類学会編、1997：142-143)。

日本哺乳類学会によるランクづけによれば、現在、日本沿岸のスナメリは、大村湾の個体群が絶滅危惧種で、その他の個体群は希少種となっている（日本哺乳類学会編、1997：142-143)[4]。そして、瀬戸内海の阿波島（広島県）の白鼻岩を中心とした半径1,500mの円内海面が、「スナメリクジラ廻游海面」として、1930年に天然記念物に指定されている（加藤編、1984：47)。なお、この種を対象とした漁業は、瀬戸内海において第二次世界大戦後の一時期にスナメリから油を採取していたことや、水族館の標本用として捕獲されていた例が報告されている程度である（粕谷、1994：630)。ゆえに、スナメリそのものを対象とした漁業は、ほとんど行われていなかったと考えられ、よって、この種に対する保護に関わる制度については、とりあえずはその天然記念物指定の経緯を見てい

けばよいということになろう。

　さて、この「スナメリクジラ廻游海面」については、その天然記念物指定に関わる調査報告が刊行されている（鏑木、1932b）。これによると、動物における保存要目の「五」（資料3‐1を参照）に該当するということで指定されたということなのだが、具体的にどのような理由でもって指定するに値するということになったのであろうか。そこで、この報告の内容より、それを探ってみることにする。

　この報告の著者である鏑木外岐雄は、前述の海面を天然記念物に指定してスナメリを保護するのは、二つの理由からであるとしている。一つは、本州沿岸がスナメリの分布北限にあたり、ゆえにそれが学問的に見て重要であるからであり、もう一つが、この地の漁民が「スナメリ網代」と呼べるような漁法を行っており、ゆえにスナメリを保護することが「漁業上肝要なこと」（鏑木、1932b：75）であるからである。「スナメリ網代」とは、スナメリが食物として好むイカナゴが、スナメリの捕食を逃れ海底に移動するにつれて、海底にいるタイやスズキがこれを捕食しようと集まる習性を利用した漁法である。スナメリが群れて遊泳する周りを、船が潮流にあわせて上り下りを繰り返し、冬季に釣ることが難しいタイやスズキを生きたイカナゴを使って釣り上げた（神田、1981：189；進藤、1985；加藤編、1984：47）。

　このように、この「スナメリクジラ廻游海面」の指定には、それが「漁業上肝要なこと」であるということも理由となっていたことがわかる。とはいえ、ここで言われている「漁業上」ということには、さらに三つの意味が含まれていると考えられるのである。一つは、天然記念物の保存要目の文面をそのまま読むことでわかる、「著名」や「特有」な動物を指定しようとしていることと類似したかたちでの、この「スナメリ網代」そのものが、独特な、めずらしい漁法であるゆえにという意味である。次に言えるのは、この地域の漁民がこの漁法を行うためにはス

ナメリが必要不可欠であり、よってスナメリを保護しなければならないという意味としてである。これは、同時期に指定されたウミネコやオオミズナギドリといった海鳥が、それらの調査報告にあるように、魚を捕獲するためにそれらが集まることで、魚群の来集、種類、及びその移動などを知らせるがゆえに漁業を行うためには大切な存在であり、よってそのことを理由としてそれらの繁殖地が天然記念物に指定された（鏑木、1932c：106-107；葛、1932：9-10、16；内田、1925：85-87、96）[5] のと、同様なものと考えられる。最後が、スナメリと漁民とのかかわりの中で生まれた、スナメリに対する信仰の存在ゆえに、ということである。これは、同時期に天然記念物に指定された「アビ渡来群游海面」（広島県）の調査報告（鏑木、1932a）より、あきらかになることである。この報告によれば、指定された海面（「イカリ漁場」）においては、イカナゴを追うのがスナメリからアビにかわったかたちの、「スナメリ網代」と同様な、「鳥附漕釣漁業」が行われていた。そして、この地の漁民はアビをあたかもタイの神様のように崇拝愛護しており、決してこれを捕獲しないとされているのである。この報告の著者でもある鏑木は、これとともに、民俗的と呼べるような、この他のアビを大切にするかのような事実をふまえ、「鳥と漁民との思想的関係に特殊なものがある」（鏑木、1932a：70）とし、よってこの「イカリ漁場」を天然記念物に指定してアビの保護を図ることは、「漁業上のみならず、思想上妥当と認める」（鏑木、1932a：70）と結論づけている。他方、鏑木は、「スナメリ網代」を行う漁民がスナメリを愛護することは、あたかも「鳥附漕釣漁業」におけるアビのようであると述べ、漁民が白鼻岩に祠を建立しスナメリをまつっていること、さらには、かつて愛媛県の漁民がスナメリ捕獲のために阿波島周辺に出漁した際に、「スナメリ網代」を行う漁民との間で数回にわたって争いがおこったこともまた報告している（鏑木、1932b：74）[6]。ゆえに、鏑木が「思想上」という言葉で表現し指定の理由としたものは、

「スナメリ網代」の場合にも含まれていると考えられるのである。

　以上よりあきらかになったのは、「スナメリクジラ廻游海面」の指定には、漁業を保護するためという理由もあったということである。その意味でこれは、大別するとすれば、「保全」的なもの（しかも自然をそのままにしておく場合ではなく、人間が自然に手を出す場合のそれ）であると言える。しかし、「資源」としてそこから得られるものを利用し続けるためにスナメリを保護しようとしたわけではなく、守ろうとしたのは、産業としての野生生物の利用というよりも、それに比して素朴なものであった生業としての漁業であり、漁民とスナメリとのかかわりであった。逆にこの時期に海鳥を危険にさらし、その繁殖地の指定を働きかけることになったのは、繁殖地での養狐事業、漁港の整備、グアノ[7]の採掘といった（鏑木、1932c：106-107；葛、1932：9、16-18；内田、1925：94-98）、産業としての野生生物の利用や、近代化に伴い勃興した産業や開発であった。そして、「スナメリ網代」も、その後スナメリの回遊する海面の海底の砂場を掘り揚げたことでイカナゴが著しく減少したために、衰微してしまうことになったのである（進藤、1985：495）。

　このスナメリの例は、実際の天然記念物の指定の動きにおいては、単に産業としての野生生物の利用のためではなく、その「保全」の中身を問う必要があるものがあることを示している。では、産業として利用していた野生生物そのものを保護しようとした場合は、どのようであったのだろうか。そこでさらに、そのような野生生物の例として、コククジラについて見てみることにしよう。

4. コククジラの天然記念物指定をめぐって

4.1　第二次世界大戦以前の漁業関係の規制

　コククジラ（一科、一属、一種）は、成獣で体長12〜14m。北大西洋

のものと、北太平洋のアメリカ系、アジア系の二つの個体群が知られている。北方の索餌海域と南方の繁殖海域を、多くは沿岸から1〜2kmの範囲で回遊し、アジア系個体群の場合、オホーツク海の中・北部の沿岸浅海域で索餌して、冬季には朝鮮半島沿岸を経て台湾海峡から海南島方面の中国南部沿岸に回遊して繁殖すると考えられている（大隅、1995；Carwardine, 1995＝1996：50-53；日本哺乳類学会編、1997：170-171）。

このコククジラのうち、北大西洋のものは18世紀頃に絶滅。アメリカ系個体群も商業捕鯨により20世紀初頭には約2,000頭にまで減少したが、1946年以降この個体群に対する商業捕鯨が禁止されたことで個体数は回復、現在では総個体数23,000頭前後にまでなった。これに対してアジア系個体群は、日本哺乳類学会によるランクづけによれば、現在でも絶滅危惧種となっている（日本哺乳類学会編、1997：170-171）。

このアジア系個体群が絶滅危惧にまで追いつめられたのは、日本が植民地として支配することになった朝鮮半島沿岸において、日本の捕鯨業が大量に捕獲した結果であると推測されている（日本哺乳類学会編、1997：170-171；大隅、1995：516-518）。また**図3-1**は、植民地支配下の朝鮮半島沿岸における、日本捕鯨業の鯨種別捕獲頭数の変化を示したものである。これを見ても、多い年には200頭近くを数えるなど、当初はナガスクジラと並んで朝鮮半島沿岸においては主要な捕獲対象であったコククジラが、しだいにその数を減少させていき、1934年以降は1頭も捕獲されなくなったことがわかるのである。ではいったい、このように減少傾向にあったコククジラに対して、当時（第二次世界大戦以前）はどのような保護策が取られたのであろうか。図3-1で1934年以降捕獲頭数がゼロとなったのは、何らかの規制の結果なのだろうか。

当時の「日本」におけるコククジラの捕獲を見たとき、そのほとんどが植民地支配下の朝鮮でのものであったことがわかる（前田・寺岡、1952：106-107；朴、1995：526-527）。そこで以下、植民地を支配する側

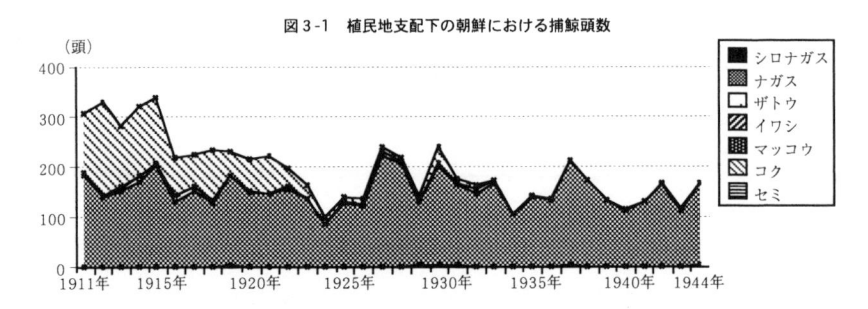

図3-1　植民地支配下の朝鮮における捕鯨頭数

出典：朴九秉、1995、『増補版　韓半島沿海捕鯨史』、釜山：図書出版　民族文化：526-527（原資料：日本捕鯨協会、『捕鯨統計簿』、ただし、1911-25、40-44年の数値）；農林大臣官房統計課、1927-30、1932-36、1938-40、『第三-十六次農林省統計表』。

であったいわゆる「内地」と、植民地支配下の朝鮮における制度について検討することにする[8]。まず、漁業関係の規制から見ていこう[9]。1909年に公布された「鯨漁取締規則」によって、ノルウェー式捕鯨は農商務大臣の許可制となった。そして、農商務大臣は、必要ありと認めた場合には鯨種・鯨漁の時期・区域又は船数を定めて、鯨漁を禁止もしくは制限またはその船舶に標章を付せしめることとなった（『官報』7899号（1909年10月21日））。これにもとづいて、1909年に捕鯨船数は30隻以内、その後1934年には25隻以内になった（『官報』7899号（1909年10月21日）、2245号（1934年6月27日）、第5章注2も参照）。なお、1909年の制限隻数は、当時すでに操業していた捕鯨船の数から割り出されたもので、繁殖保護上の見地から見ればなお多すぎるきらいがあったこと、また、1934年の減船は、ヒゲクジラの捕獲は年々減少しているとともに、クジラの回遊状況から見て30隻は多すぎるゆえに、という指摘がある（重田、1962a：16-17）。その後、1934年に「母船式漁業取締規則」が定められ、母船式捕鯨業はこれに則って管理されることになった（『官報』2269号（1934年7月25日））。そして1938年には、「鯨漁取締規則」においては、「稚鯨、乳呑鯨又ハ稚鯨若ハ乳呑鯨ヲ随伴スル母鯨」（『官報』3427号（1938年6月8日））の捕獲禁止、及びシロナガス・ナガス・ザトウ・イワ

シそしてマッコウクジラの体長制限（ある大きさ未満のものの捕獲禁止）が、「母船式漁業取締規則」においては、若干の体長の相違があるものの、上述の二点の「鯨漁取締規則」に加わった規制とともに、北緯20度以北の北太平洋以外の海面におけるコククジラとセミクジラの捕獲禁止がなされることになった（『官報』3427号（1938年6月8日））。この規制は、1937年にロンドンで調印された、鯨油の価格安定とクジラの保護のために成立した国際捕鯨協定（第1章を参照）の趣旨を尊重して、それを国内法に取り入れたものであると考えられている（馬場、1942：308-310；大村・松浦・宮崎、1942：307、309；重田、1962a：19、1962d：16）。

　また、朝鮮総督府においては[10]、1911年に公布した「漁業令」によって、捕鯨業は朝鮮総督の許可を受けることとなった（『朝鮮総督府官報』227号（1911年6月3日））[11]。そして、1917年に改正された「漁業令施行規則」において、捕鯨船数は制限されることになり、その数は10隻、さらに1922年には12隻と定められた（『朝鮮総督府官報』1572号（1917年11月1日）、3092号（1922年12月1日））。その後、1929年に、「漁業令」にかわって公布された「朝鮮漁業令」の付属法規である「朝鮮漁業令施行規則」において、捕鯨漁業の操業区域とその区域内の定限数は朝鮮総督の定めるところとなり、そしてそれは、「朝鮮沿海及其ノ沖合」（『朝鮮総督府官報』号外（1929年12月10日））に12隻、というようなものとなった（『朝鮮総督府官報』号外（1929年12月10日））。だが、1944年3月には、ミンククジラを捕獲するものはその定限数に含めないことにし、さらに同年10月には、操業区域と定限数という制限そのものが廃止されることになる。これは、第二次世界大戦に伴う捕鯨船の徴用や食料などの不足に対応するためであると考えられる（『朝鮮総督府官報』5136号（1944年3月20日）、5315号（1944年10月21日））[12]。この他、1911年に公布された「漁業取締規則」においては、毎年5月1日から9月の末日までは捕鯨を禁止とし、またそれ以外の時期においても、「鯨児及鯨児ヲ伴フ親鯨」

(『朝鮮総督府官報』227号（1911年6月3日））の捕獲は禁止となった（『朝鮮総督府官報』227号（1911年6月3日））[13]。しかし、1921年の「漁業取締規則」の改正によって、この規制（上述の、5カ月間の捕獲禁止時期の設定と「鯨児及鯨児ヲ伴フ親鯨」の捕獲禁止）は撤廃される（『朝鮮総督府官報』2611号（1921年4月27日））。また、1929年に、「漁業取締規則」にかわって「朝鮮漁業保護取締規則」が公布されたが、そこでもこの規制はなかった。そしてこの「朝鮮漁業保護取締規則」においては、その後の改正されたものも含めて、クジラ類の特定の種が保護されることはなかったのである（『朝鮮総督府官報』号外（1929年12月10日））[14]。

　以上より、第二次世界大戦以前の漁業関係の規制においては、実質上アジア系個体群のコククジラは保護されていなかったことがわかるのである。また、クジラ類に対する保護全体を見たとき、いわゆる「内地」においては、年代が下がっていくにつれて規制が厳しくなっていくのに対して、植民地支配下の朝鮮においては、逆に規制が緩くなっていったこともあきらかとなった。

4.2 天然記念物指定の経緯

　では次に、天然記念物の指定について見てみる。再びここで、資料3‐1の保存要目に注意してみよう。この「二」に属するものの例として、コククジラの名前があがっていることは注目に値する。もちろんこの例は、資料3‐1にあるように、直ちにこの動物を指定するという趣旨のものではないとされている。しかしコククジラが、この保存要目が書かれた1919年の段階で、天然記念物の指定対象に値すると考えられていたとは言えるのではないかと考えられるのである。また、1926年の段階で、コククジラの指定を訴える論文も存在する（田子、1926）。この著者である田子勝彌は、コククジラは北太平洋のみに存在し、かつアメリカ合州国の西海岸に回遊するもの（アメリカ系個体群）は、ほぼ絶滅に帰し

たと信じられているくらいのものであり、日本近海のもの（アジア系個体群）も、近年著しくその捕獲が減少したと述べる。そして、このコククジラは、学術上貴重であるというだけではなく、他の鯨種の来遊が少ない冬期の獲物として、経済上・漁業上も重要であるとする。よって、「然るに幸なることには朝鮮に於ける捕鯨業は以前数会社に許可せられたるも、其後濫獲の弊を防止するため統一するの必要を認め、今は東洋捕鯨株式会社の一会社に限定せられ会社に於ても濫獲酷漁に陥らざる様深く総督府の意を体して自制の方法を採り、殊に近来児鯨の保護に付ては特に注意を払ひ居るを以て、総督府の方針にして現在の儘替ることさへなければ先づ絶滅するが如き虞はなきものと信ぜられるが、適当なる保護方法を加へなければ他日悔ゆるも及ばさるの憾を遺すに至るであらう」（田子、1926：15）と結論づけるのである（田子、1926：1‐2、14‐15）。しかしながら、いくつもの捕鯨会社が合同し東洋捕鯨という独占的な捕鯨会社が誕生したのは1909年であり、この東洋捕鯨が実質的に朝鮮半島沿岸における捕鯨業を独占するのは、1910年である（朴、1995：282、及び第1章を参照）。図3‐1によれば、コククジラの捕獲はこれ以降、特に1920年代に入ってから急激に減少し始めている。また、先に見たように、1920年代に入り、朝鮮総督府は漁業におけるクジラ類に対する規制を緩める方向に進んでいたし、コククジラを対象とした規制もなかった。東洋捕鯨自身が独自に何らかの規制を設けていたという可能性は残るが、総督府の当時の方針に従えば絶滅は逃れられるとした田子の考えは、その数が減少し続けていたという意味において誤っていたと言える。しかも、このような状況にもかかわらず、コククジラはいわゆる「内地」において天然記念物に指定されず、さらに言えば、現在の日本においても指定されていないのである。

　一方、朝鮮総督府においても、1916年に出された「古蹟及遺物保存規則」にかわって、1933年に「朝鮮宝物古蹟名勝天然記念物保存令」を公

布して、天然記念物の指定とその保護を行うことになった(朝鮮総督府、1934：1－6)。**資料3－2**は、資料3－1と同様に、その要目から、動物についてのそれを抜き出したものである[15]。ここにおいてもコククジラは、資料3－1の「二」の場合とほぼ同様なかたちで、例としてあげられている。そして、1942年に、江原道・慶尚北道・慶尚南道沿海が、「蔚山克鯨廻游海面」(指定番号第126号)として、天然記念物に指定されたのである(『朝鮮総督府官報』4612号(1942年6月15日))[16]。これによってコククジラは、「朝鮮宝物古蹟名勝天然記念物保存令」の第五条及び第六条にある、「其ノ現状ヲ変更シ又ハ其ノ保存ニ影響ヲ及ボスベキ行為ヲ為サントスルトキハ朝鮮総督ノ許可ヲ受クベシ」「朝鮮総督ハ〈中略〉保存ニ関シ必要アリト認ムルトキハ一定ノ行為ヲ禁止若ハ制限シ又ハ必要ナル施設ヲ命ズルコトヲ得」(『朝鮮総督府官報』号外(1933年8月9日))といったかたちで、制度的な保護を受けることになった(『朝鮮総督府官報』号外(1933年8月9日))。しかしこの指定が、第二次世界大戦というこの時の状況と、その後の漁業における規制の緩和から考えられるような食糧などの不足という事態において、はたして額面どおりに機能したのかということは、疑問符を付けざるを得ないであろう。

　以上より、天然記念物の指定というかたちでの保護を見ても、それは後手に回っていたと考えられるのである。確かに朝鮮においては、コククジラは天然記念物に指定されたが、植民地を含めた当時の「日本」という枠組みで考えた場合、それは、その指定が議論され始めたと考えられる時期より、20年以上経ってからのものである。そして、図3－1で1934年以降捕獲頭数がゼロとなったのは、捕鯨会社が独自に規制を設けていたという可能性はあるものの、漁業関係のものを含めた行政レベルでの何らかの規制の結果ではなく、コククジラの減少そのものが原因であると考えられるのである。

　ではなぜ、コククジラに対する規制は後手に回り、それは絶滅に瀕す

第 3 章　クジラ類の天然記念物指定をめぐって　105

資料 3 - 2　朝鮮宝物古蹟名勝天然記念物保存要目

〈前略〉

天然記念物　天然記念物にして保存すべしと認むべきもの左の如し

　　　（一）　動　　物
一　現時朝鮮に存する著名の動物にして、未だ世界の他の部分に発見せられざるもの（例へば世界に於て朝鮮と対馬とのみより産せざるキタタキの如き）
二　比較的近世まで世界の他の部分にも存在せしも、爾来漸く其の数を減じ、現時は僅に内地及朝鮮に於てのみ其の遺類を発見さるゝもの（例へば日本海のコクヂラ）
三　従来は朝鮮に多数棲息せしも、近時其の数を減じ、漸く其の跡を絶たむとしつゝあるもの（例へばコウノトリ・ナベコロ・ヘラサギ・トキ・タイサギ・チユウサギ・ノガンの類、咸鏡北道の黒貂等）
四　朝鮮特有の産に非ざるも、東亜著名の動物として之が保存の望ましきもの（例へば牙獐の如き）
五　代表的朝鮮動物相を示す地区
六　著名なる動物の蕃殖地又は渡来地（例へば忠清北道鎮川・黄海道白川・全羅南道高興等の鶴の渡来地、京畿道江華島のコウノトリの蕃殖地、日本海方面小鳥のウミガラス・ウミスズメの蕃殖地）
七　朝鮮に於て発見さるゝ各種の象・犀・剣虎・鹿等の巨獣、及び其の他著名動物の遺物発見地
八　山地・平地・湿原・森林・湖沼・海浜・河海・島嶼・洞窟等に於ける特有の動物、或は動物群全部
九　朝鮮に特有なる畜養動物（例へば朝鮮犬の如き）
一〇　島嶼にして其の動物相の特異なるもの

〈中略〉

〔附　記〕　以上要目に掲げたるものは、保存令発布に伴ひ、地方庁よりの報告の参考に供し、又法令中の用語例を示さんが為めに仮に挙げたるものにて、適当の時期に改訂の予定である。又例示したものは単に参考に止りて、必ずしも保存令によつて指定すべきものとは限つて居ない。

出典：朝鮮総督府, 1934,『朝鮮宝物古蹟名勝天然記念物保存要目』: 7 -23。

るまでになってしまったのだろうか。これについては、漁業関係の規制の決定や天然記念物を指定する場での議論の模様などの、いわゆる「議事録」的な資料を見ていない、あるいはそれが残っていない可能性が高いので、不明な部分が多い。しかしながら、次のことは推定できると考えられる。捕鯨会社、そして当時の「日本」においては、コククジラは、「資源」として極めて重要なものであった。またそれは、主に植民地で捕れるという意味においては、なおさらである。さらには、産業としてコククジラを利用している以上、その捕獲を規制してしまうことは、その産業の停滞・縮小を自らで行うことを意味することになる。だからコククジラは、それが絶滅に瀕し、「資源」としての利用が困難になって初めて、保護の対象になったということなのではないだろうか。

　この節を終えるにあたり、第二次世界大戦後のコククジラに対する規制について述べておこう。統計によると、1946年以降、日本はコククジラを捕獲していない（農林水産省統計情報部・農林統計研究会編、1979：258-263）。それから、日本が1951年に正式に加盟した当時の国際捕鯨取締条約は、コククジラの捕獲を禁止している（前田・寺岡、1952：244-251）。また、韓国（大韓民国）においては、1960年代まで、年間10頭未満程度のコククジラが捕獲されていたが、その後、捕獲はなされていないと考えられる。なお、1962年に、江原道・慶尚北道・慶尚南道の沿海が、「蔚山克鯨廻游海面」として、韓国の天然記念物に指定されている（朴、1995：360、398-400、527）。

5. 小括

　以上、天然記念物制定の論理について探った後に、スナメリとコククジラを取り上げて、その保護の過程や内実について検討した。これらの作業を通じ、産業としての野生生物の利用に関連して、あきらかになっ

第3章　クジラ類の天然記念物指定をめぐって　107

たことをまとめよう。スナメリもコククジラも、天然記念物の指定や指定を求めることの理由として、学術上重要・貴重であるということとともに、漁業上も重要であるということがあがっていた。このことは換言すれば、天然記念物の指定ということが、漁業を保護するためということをも含むことを意味していると考えられる。

　これは一見すると、渡瀬の考えていたような、産業としての野生生物の利用のためのその保護の、適切な実行のように見える。しかしながら、実際の動きを慎重に検討してみると、そうとは単純に見なせないし、またスナメリとコククジラを比較しても、その内実には相違があるのである。コククジラは、確かに産業としての野生生物の利用のために保護するものと考えられていた。だが実際には、その捕獲ができなくなるより前は、制度的な保護の対象とはならなかった。むしろコククジラは、捕鯨業という大きな産業によって「資源」として利用されていたために、結果的に絶滅に瀕することになってしまったと推測され得るものなのである。

　この理念と現実の動きとのズレの原因は、一つは、そもそも産業として野生生物を利用していくために、「資源」を保護していこうとすることは、発想としてはあるものの現実としてはそのような「歯止め」を許さないものであったというように、先に述べた、産業としての野生生物の利用という経済活動と保護というものそのものの両立の困難性に、求めることができるのではないかと考えられる。もう一つは、コククジラが主に植民地で捕獲されたことに関係していると思われるものである。すなわち、植民地を支配する側の拡張主義的な思考として、そこで利用できるものは利用し尽くし、そして「資源」が枯渇した場合には代替地を探し求めていく、という考え方があったのではないか、ということなのである。

　これらの点については、第5章でもう少し考察することにしたいが、

5. 小括

現在の野生生物保護一般の議論に関するものとして、とりわけ前者の点について若干述べておきたい。現在、野生生物の保護と市場経済のシステムを（再）結合させようとするような、あるいは野生生物を利用することによって得た利益をその保護に用いていくといった類の議論が、あまりにも安易なかたちでなされているように思われる。例えばエゾシカは、かつては乱獲と豪雪によってその生息数が激減したが、1960年代からの天然林伐採と人工林・草地造成及び林道建設により、その餌場とねぐらが形成されたことを主な原因として生息数が急増、それによる年間50億円を超えるほどの農林業被害が発生したことを受けて、北海道は1998年3月に「道東地域エゾシカ保護管理計画」を策定した（北海道環境生活部環境室自然環境課編、1998；梶、1999；大泰司・本間編、1998：1-16)[17]。これは簡単に言うと、当時の推定頭数12万頭を基準化（個体数指数100）した上で、三つの管理基準（「大発生水準」50、「目標水準」25、「許容下限水準」5の個体数指数）を設定し、それら基準間の頭数によって、4段階の管理（「緊急減少措置」、「漸減措置」、「漸増措置」、「禁猟措置」）を選択するというものである。そして、1998年度から3年間にわたってメスを中心に大量捕獲して頭数を「大発生水準」にまで落とし、その後は「目標水準」の維持に努めることが目指され、現に道東地域では1998年度にオス約35,000、メス約38,000、計約73,000頭のエゾシカが捕獲された。その後も年間計5万頭前後のエゾシカが捕獲されているが、このような流れの中で、エゾシカを「有効活用」する、つまり食肉として市場に流通させようという動きが出てきたのである（大泰司・本間編、1998）。

　しかしこの動きは、極めて問題があるものである。現在エゾシカの市場は形成されていないに等しいが、鯨肉と同様（第4章を参照）様々な試みによって、仮にエゾシカを食することが普及したとしよう。エゾシカは雪に弱いので、上述の管理計画では、豪雪の翌年度は、「前年度ま

での個体数指数の傾向を踏まえ禁猟の必要性を検討する」(北海道環境生活部環境室自然環境課編、1998：5)とするかたちでの、「禁猟措置」という「歯止め」がかけられている。しかし、エゾシカが「資源」となり、産業として利用されるようになった以上、流通、加工等々の段階で様々な人々がその産業に従事することになっているはずである。ではそれらの人々の生活の糧を奪うことになる「禁猟措置」の実行が、はたして可能なのだろうか。また、エゾシカの「有効活用」を考えている人々のあげている数値などからすると[18]、その形成された市場に、割安な外国産の鹿肉が出回る可能性も指摘できる。これによって、エゾシカを捕獲しても売れなくなるような事態になったとき、その捕獲に対して非積極的になることで、またもし「有効活用」の利益を上述の管理計画の遂行に用いていたとすればそれが得られなくなるということで、捕獲による個体調整というシステムそのものが混乱してしまうのではないだろうか。

つまり、野生生物の保護と市場経済のシステムが結合されることで、野生生物の保護という活動が市場経済の影響力に包み込まれることになってしまうのである。言い換えれば、適切な野生生物の保護管理というそもそもの目的は、経済活動としてその野生生物自体から得るものを利用しようとすることへと転倒され、そして野生生物へのまなざしは、「資源」としての位置づけへと固定化されてしまうのである。よって、既述したコククジラの例で示された困難性を導かないために、危急的な大量捕殺はやむを得ないにせよ、狩猟で、及びその多くが一般廃棄物として埋められているいわゆる有害駆除(大泰司・本間編、1998：14、129-131)で捕殺されるエゾシカの利用は、自家消費的なものにとどめるべきだと考えられるのである。

ではこれらの、コククジラやエゾシカに関して議論した点に照らして、スナメリについてはどのように見ていけばよいのであろうか。スナメリ

5. 小括

の指定は、スナメリと深い関係にある、大きな産業ではなく生業としての漁業を守ろうとした面があった。よってそれは、「資源」としてスナメリから得られるものを利用し続けるためにそれを保護しようとしたわけではなく、むしろその「資源」としての利用を防ぐためのものであったと考えられる。また、スナメリの場合、他の生き物の場合に「思想上」と表現されたような、スナメリと漁民のかかわりの中で生まれた信仰の存在が、指定の理由となっていたと考えられることもあきらかになった。

　これらを理由としてスナメリを守っていこうとすることは、産業として野生生物を利用していくために「資源」として保護していこうとすること、あるいは野生生物へのまなざしを「資源」としての位置づけへと固定化していくこととは、異質なものである。そしてスナメリの指定は、「スナメリ網代」によってその獲物であるタイやスズキが乱獲されるということは考え難く、またこの漁法の衰微は、これらの魚や、ましてやスナメリの乱獲によるものではないと考えられるゆえに、「保全」的なものの中で人々の生活・生業と野生生物の保護がうまく組み合わさった例という意味において、これからの野生生物と人間のかかわりを考えていくにあたって興味深い事例となっていると思われるのである。とは言え、信仰といった「民俗的なもの」が存在するから「環境にやさしい」かかわりだというようなかたちで、この事例を理想化してとらえることは、むしろ問題であろう。そうではなくて、このような事例を理想化するような論理について考察するといったような、メタレベルでのものを含めて、この事例から浮かび上がることについて考察を加えていくことが、現在の野生生物保護の議論においては必要となっていると考えられるのである。

注

1 　文献として参照した『官報』及び『朝鮮総督府官報』については、当該箇所にその号数と日付を記すことにする。
2 　渡瀬の思考全般における、天然記念物制定・指定の位置づけについては、筆者の論考（渡邊、2000）を参照してほしい。
3 　渡瀬は1915年に、カナダ及びアメリカ合州国の、毛皮を得るための養狐事業を視察した（谷津、1931：46；渡瀬、1916a、1916b、1916c、1916d、1916e、1916f、1916g）。
4 　日本哺乳類学会は、危機的なものからそうでないものの順番に、「絶滅」、「絶滅危惧」、「危急」、「希少」、「普通」の5段階のランクを設定している（そのほか、「不能」と「保護すべき地域個体群」がある）。詳しくは、日本哺乳類学会編（日本哺乳類学会編、1997：9-11）を参照。
5 　ただしこれらのうち、蕪島のウミネコ繁殖地と大島のオオミズナギドリ繁殖地は、それぞれ1922年と1928年に天然記念物に指定されたが、蒲葵島のオオミズナギドリ繁殖地は指定されていない。
6 　鏑木の報告書においても、スナメリは「利用価値」に乏しく、わずかに害虫駆除用の油を採取するために捕獲されるに過ぎないとある。
7 　グアノは海鳥の糞などが堆積して固まったもので、肥料の原料となる。
8 　いわゆる「内地」の法令との関係など、植民地の法令のありかたは、その地が植民地となった歴史的経緯によってそれぞれ異なっている。朝鮮の場合、基本的に「帝国議会」への参政権はなく（朝鮮に徴兵制を適用する対価としてそれが認められたのは1945年1月（施行同年4月）、しかし実際の衆議院議員選挙は一度も行われず）、議会もなかった。そして、その法令の多くは制令というかたちで、すなわち内閣総理大臣を経て勅裁（天皇の裁断）を請うた上で、朝鮮総督の命令として定められた（梶村・姜、1970；中村、1958）。
9 　捕鯨に関わる規制については、重田芳二（重田、1962a、1962b、1962c、1962d、1962e）、馬場駒雄（馬場、1942：301-326）、大村秀雄・松浦義雄・宮崎一老（大村・松浦・宮崎、1942：265-319）を参照した。
10 　植民地支配下の朝鮮における規制については、朴九秉（朴、1995：278-281）を参照した。
11 　『朝鮮総督府官報』は、復刻版を利用している。この復刻版は、1944年及び1945年のものの一部が欠けている。

12　いわゆる「内地」においては、農林省は当時許可漁業でなかった小型（沿岸）捕鯨（第1章を参照）の捕鯨船を、臨時に沿岸捕鯨の許可隻数範囲内で、1944年1月15日からむこう一年間に限り、日本海洋漁業統制株式会社・西大洋漁業統制株式会社・鮎川捕鯨株式会社の3社にそれぞれ5隻ずつ割り当てて所属させ、不足中の船員養成もかねて、食糧増産のために特別に操業を許可することにした（前田・寺岡、1952：33-34；重田、1962e：10）。

13　この規制は、大韓帝国の捕鯨業管理法（1907年公布）の規制を、そのまま引き継いだものと考えられる（朴、1995：266-267；東洋捕鯨株式会社編、1910：付録5-6）。なお、1905年の（第二次）日韓協約によって、大韓帝国は日本の「保護国」となり、韓国統監府が設置されている。

14　これ以降の「朝鮮漁業保護取締規則」の改正とその内容については、1945年8月までの『朝鮮総督府官報』の、朝鮮総督府の「府令」と「告示」をチェックしていく作業を行うことで確認した。

15　『朝鮮総督府官報』においては、「朝鮮宝物古蹟名勝天然記念物保存要目」の記載を確認できなかった。

16　なお、指定の際に、コククジラが実際には保存要目の何に該当するとされたかについては、不明である。

17　以下の記述にあるエゾシカによる農林業被害額とその捕獲数については、北海道環境生活部環境室自然環境課のウェブページ（「エゾシカの保護と管理」：http://www.pref.hokkaido.jp/kseikatu/ks-kskky/sika/sikatop.htm）で公開しているものを用いた。なお、エゾシカの保護管理計画のその後の展開については、同ウェブページを参照のこと。

18　国内にエゾシカの市場がない以上、エゾシカの「有効活用」を考えている人々は、一定の市場があるドイツなどへの輸出を模索して、その際の輸出コストを試算している。それは、道東からドイツまでで送料が1kgあたり200円（船積み5tで100万円）、皮付き冷凍屠体の輸入が「殺処理後17日以内」に制限されていることに伴う加工処理費など、EU基準による日本国内の解体処理費などの諸経費が1kgあたり2,000円、合計1kgあたり2,200円となっており、この額は、養鹿主体のニュージーランドからドイツに向けて輸出される鹿肉の買い入れ価格（買い入れ価格であるかどうかの明示はないが、文脈上、そう判断した）の1kgあたり600円と比較して、極めて割高となっている（大泰司・本間編、

1998：190-195)。相場は変動が激しいが、ポーランド産の皮付き枝肉のドイツでの買い入れ価格が1kgあたり315〜420円であったと報告されており（大泰司・本間編、1998：66-67、143)、単純にこの額と600円との差額を、ニュージーランドにおける皮付き冷凍屠体をそのまま輸出できないことを含む輸出コストと仮定しよう。そうすると、ニュージーランドからはドイツより日本の方が近く、ポーランド産の皮付き枝肉も日本より厳しいと考えられる衛生面でのEU基準で処理されていること（大泰司・本間編、1998：66-67、143）を考慮すれば、1kgあたり250〜350円に設定するとしているエゾシカの最上級の枝肉の買い取り価格（大泰司・本間編、1998：143）と、日本におけるニュージーランド産の鹿肉の買い入れ価格は、ほぼ同水準になると思われる。さらに、もし日本も何らかの検査基準を作成するのであれば、輸出コストがニュージーランドと比較して非常に高いことを鑑みるに、日本の方が衛生面の検査などにより多くのコストがかかることが予想され、よってエゾシカの買い取り価格の方がニュージーランド産の鹿肉の買い入れ価格を上回る可能性がある。また、ドイツは中国から鹿肉を輸入しているが（大泰司・本間編、1998：67)、この事実や野菜等様々な価格の安い食材・加工品が中国から日本に輸入されている現状を見ると、買い入れ価格がエゾシカの買い取り価格よりはるかに安くなると思われる中国産の鹿肉が出回る可能性も否定できない。

第4章
近代日本における鯨肉食の普及過程

1. はじめに

　本章は、近代日本において鯨肉食がどのようにして、そしてどの程度広まっていたのかを、あきらかにしようとするものである。その際には、以下のような視点から分析を加えることにしたい。すなわち、ある特定の社会的・歴史的条件のもとでは、食生活、換言すれば食材を選び、それを加工し食するという我々の日常の営みというものも、「『集団』とされる人々の間で、固有で不変なもの」ではなく、ある特定のありかたへと形作られていくと考えられるのであり、そしてその過程をあきらかにしていく作業を、本章では行いたいのである。

　なお、ここで言う「社会的・歴史的条件」とは、単に流通や保存といったもののための技術の発達を意味しているわけではない。もちろん、あるものが人々の間で食されていくにはそのような技術の発達が必要ではあると考えられるが、そうだからといって、そのような技術の発達があれば人々はあるものを食べるようになるわけではない。むしろ本章では、そのような技術の発達という部分よりも、当時の人々の生活という微細な領域にまで踏み込むものとしての政策や状況の変遷、あるいは人々の嗜好にまで影響を与えるような、「文化的なもの」と呼ばれるよ

うなもののありようとその変化という部分について、とりわけ注目していきたいと考えている。そしてそれら変遷や変化には、「食のヘゲモニー」、すなわちローマ帝国やヨーロッパ帝国主義、及び現在の西欧の金融資本や食品産業によって、その支配下にある地域あるいは植民地の食料生産や食生活が、支配する側に都合のよいものに変えられていくということ（Barsh, 2001：150-161）のような、権力的なものによる侵入という側面があるということを、見逃してはならないだろう。

そこで、まずはじめに、鯨肉食がどのようにして広まっていったかを、歴史的資料を中心としてあきらかにする。その後に、第二次世界大戦開始前後に行われまとめられたアンケートの分析を行うことで、鯨肉食が当時の日本においてどの程度広まっていたのかをあきらかにしたい。

2. 鯨肉食普及への働きかけと条件

今日、特にいわゆる「捕鯨問題」を語る文脈において、しばしば「日本人は昔からクジラを食べてきた」という言説が繰り返し流布されていると思われる。だが、とりわけ最近の研究においては、このような語りに含まれる問題性といったものがあらわにされている。例えば森田勝昭は、捕鯨モラトリアム（1987年末より実施）以降にマスコミに登場した「鯨食文化」論は、鯨肉食は「日本民族」の伝統的食文化であるとする主張を含んでいるが、それは歪められた情報であるとして、以下のように述べる。「確かに鯨肉食は歴史的には古いが、全国的かつ日常的に日本の人々が鯨を口にするようになったのは第二次大戦後であること、また、鯨食を『日本民族』という極めて曖昧で、高度に政治的な言葉に結び付けることの危険性を指摘しておかなければならない」（森田、1994：414-415）。

しかしながら、このような批判は重要であると考えられるが、もし鯨

肉食が本当に広まったのであるならば、それがどうしてであり、どのようにしてなのか、ということが実際にあきらかにされているわけではない。そこで以下、歴史的資料を追うことで、上記の点について迫ってみることにする。なおその前に、鯨肉が、「赤肉」と呼ばれる、主に生肉で流通する胸や胴などの肉と、「白肉」や「白手物」と呼ばれる、主に塩蔵されて流通する脂肪層（いわゆる皮）や畝（アゴから腹にかけての部分の皮、溝がある）、尾羽（尾ビレ）、手羽（胸ビレ）などといった部分に大別されることを指摘しておきたい。

さて、沿岸部においては、死んで漂流しているクジラ（いわゆる流れ鯨）や、座礁したり死んだりして海岸に打ち上げられたクジラ（いわゆる寄り鯨）の利用が古くからなされていたことが知られている（例えば、福本、1978（1993）：25、42-47）。その際には当然、その流れ鯨や寄り鯨の肉を食することが行われていたであろう。また、現在の長崎・佐賀・福岡、高知、和歌山などの、17世紀末に確立した網捕り式捕鯨が行われていた地域とその周辺でも、鯨肉は確実に食されていたであろう。しかし、それはあくまでも局地的な現象に過ぎなかったのではないか、と考えられる。実際19世紀末までは、鯨肉を食する地域、そしてその消費量は、網捕り式捕鯨が行われていた地域があることに対応して、長崎・佐賀・福岡といった九州北部が最も多く、それが関西地方を経て東へ移動するほど、漸次減少していったとされている。とりわけ赤肉は、1912年の段階で、名古屋以東ではほとんど食されていなかったとされているのである（安藤、1912a：16；前田・寺岡、1952：170-177）。

このような鯨肉食の状態の、変化の契機となったのは、1897年よりノルウェー式捕鯨が導入され、さらに1909年に、日露戦争後に乱立した捕鯨会社が合同し、東洋捕鯨という捕鯨業を独占的に行う会社が誕生したことにある（第1章を参照）。これによって、捕鯨業は一つの大きな産業となった。そして捕鯨会社は、より多くの利潤を追求するために、近代

的手法によって、より多くのクジラを捕獲しようとするだけではなく、クジラから生み出されるものの、より多くの販路を作りだそうとすることになったと考えられるのである。

　今日鯨肉の主な消費地の一つと考えられている関西（阪神）地方では、19世紀前半の時期に、大阪の市場において、紀伊・土佐産の「皮鯨」とともに「身鯨」が扱われており（伊豆川、1943：291（1973c：311））、また、19世紀後半の時期には、土佐で捕れたクジラの赤肉を阪神方面へ運んだという記録があるので（伊豆川、1943：392-398（1973c：424-430）；吉岡、1938：23-32（1973b：447-456））、ノルウェー式捕鯨導入以前から、すでに赤肉が食されていたと考えられる[1]。ただし、ノルウェー式捕鯨導入以前の鯨肉の利用は、都市部の武士や町人に限られていたとされており（伊豆川、1943：162-163、543-544（1973c：182-183、575-576））、また網捕り式捕鯨での1年間の捕獲頭数は、例えば土佐の津呂組では、『津呂捕鯨誌』によれば、1693～1712年の平均で20.6頭、1849～1865年の平均で21.8頭、1874～1890年の平均で16.8頭、1891～1896年の平均で16.5頭（伊豆川、1943：1-11（1973c：21-31）；津呂捕鯨株式会社、1902：106丁ノ表-109丁ノ表）[2]というように、ノルウェー式捕鯨でのそれと比較して極めて少なかった。ゆえに、ノルウェー式捕鯨導入以前には、関西（阪神）地方全体では、それほど赤肉は消費されてはいなかったのではないかと考えられる。実際のところ、関西（阪神）地方で赤肉が普及したのはノルウェー式捕鯨導入の頃からであるとの指摘があり、しかもその当時には、赤肉を買った人が帰り道にその血で着物を汚したからということで、汚し賃を払ったという話も残っているくらい、販売には苦労していたという（前田・寺岡、1952：171、174-175）。しかし、東洋捕鯨において販売を担当していた山田桃作が、1909年頃より鯨肉を扱う㊀（マルイチ）商会（1915年より伊佐奈商会）[3]を作り販路の拡大に努めた結果、1912年の段階で、「阪神方面、鯨肉売行の増進は目覚ましき勢にして、

年々五割の増率を示せるが如し」(安藤、1912a：16) と表現されるまでになっている。

　また、東洋捕鯨が1910年に出した『本邦の諾威式捕鯨誌』は、東洋捕鯨の社史的な意味合いをもつとともに、産業としての捕鯨業とその生産物を紹介するものとなっているが、そこにおいては、鯨肉食を普及すべく、鯨肉の成分や九州における鯨肉の調理法、そして東洋捕鯨東京支店が考え出したと思われる、「鯨肉の東〈あづま〉料理」等の記述が見られる（東洋捕鯨株式会社編、1910：38-59、125-138）。さらには、1919年に農商務省水産局の斡旋により、日本橋魚河岸33カ所・東京市公設市場3カ所・東京府公設市場6カ所において、東洋捕鯨は損益を度外視した廉価で鯨肉を販売している（「食糧品の逼迫と鯨肉食用」、1919：35；「鯨肉を売る」、1919）[4]。そして1921年ごろより、「ほてい屋」（新宿にある伊勢丹の前身）を拠点として、赤肉の組織的販売がなされるようになった（前田・寺岡、1952：171、175）。この「ほてい屋」では、1932年に鯨肉の宣伝のために、農林省や東洋捕鯨をはじめとする捕鯨関係者などの出品による、「鯨に関する展覧会」を開催している（中谷、1932）。

　このような、ノルウェー式捕鯨導入後の捕鯨会社の販路の拡大に向けての働きかけに加えて、近代の日本がいくつもの戦争を行ったことが、鯨肉食の普及に影響を及ぼしていると考えられる。実際のところ、鯨肉食の普及といった点だけではなく、捕鯨業と戦争は深い関わりがある。そもそもノルウェー式捕鯨の導入と定着が、後に日本が植民地とする朝鮮半島沿岸で、日露戦争（1904-05年）の際に日本がロシアの捕鯨会社所属の船舶を拿捕し「鹵獲」するとともに、その朝鮮半島における租借地を、東洋捕鯨の前身がかわりに得ることになったことでなされた部分があると考えられることは、第1章で述べた。

　前田敬治郎と寺岡義郎は、赤肉が大量に消費され、食材として重要性をもつようになったのは、第一次及び第二次世界大戦の影響であると述

2. 鯨肉食普及への働きかけと条件

べている。第一次世界大戦後の場合は、日本を襲った急激な不況のため一般の購買力が低下し、その結果極めて低廉であった赤肉が喜ばれるようになり、急速に普及した。そして、いわゆる「満州事変」(1931年)から太平洋戦争、戦後にかけて、鯨肉の消費は、軍需そして食糧の不足により、飛躍的に増加していくことになる（前田・寺岡、1952：170-173）。そのため、1934年から実施された、戦前の南極海での、鯨体処理と加工設備をそなえた工船を基地として行われる母船式捕鯨では、このような時代背景もあって、その初期には海中に投棄していた鯨油原料以外の部分を、鯨肉さらには肥料や皮革、繊維として利用しようとしたのであった。しかしながら、南極海の捕鯨では、「国策」上重要な、すなわち欧米に輸出することで外貨獲得を可能にし、また戦略上重要な物質でもあった鯨油生産が主であり、鯨肉の生産はあくまでも付随的なものにとどまっていたことには注意したい（第1章を参照）。

　また、鯨肉食の普及に対する戦争の影響に関連して、鯨肉の缶詰の生産と普及についても述べておく必要がある。そもそも日本における缶詰製造業一般が、試験段階から本格的な産業となる契機は、日清戦争(1894-95年)において軍部よりの需要があったからである。その後海軍は全国の「枢要の地」十数カ所に指定工場を設置し、「平時」及び「有事」の際にその供給の不足がないようにした。また陸軍は、1897年に「陸軍中央糧秣廠」を設置するとともに、1900年から、ドイツより当時の最新式の機械を導入して主として牛肉の缶詰を製造することで、「有事」の際の準備を完成させた。さらに日露戦争においては、陸軍は農商務省水産局に依頼して、安定した生産と品質、そして低廉なる価格を望むべく、水産局の監督のもとでの軍用水産缶詰の供給を図ったのであった（朝比奈編、1915 (1997)：37-50、66-70、192-205）。上記のような背景とともに、春から夏にかけての赤肉の処理の解決のため（安藤、1913：14-15；前田・寺岡、1952：173)、鯨肉の缶詰の生産はこの時期より開始さ

れたと考えられる[5]。例えば、1897年現在の缶詰製造者及び工場のリスト（第二回水産博覧会に出品したもの）の中に、「鯨」あるいは「鯨肉」と標記されている製品を生産しているものが三つ（兵庫1、高知2）あるし、また日露戦争時の軍用水産缶詰工場のリストでも、「鯨」と標記されている缶詰を生産しているものが三つ（石川1、山口1、高知1、山口のものは、東洋捕鯨の前身である東洋漁業）存在している。しかし、リスト全体に占めるその割合を見てみると、前者が157分の3、後者が114分の3であり、缶詰全体に占めるその割合は微々たるものであったことがうかがえる（朝比奈編、1915（1997）：50-64、199-205）。さらに言えば、クジラからの生産物の売上に占める缶詰の割合も、1913年の段階で、「〈赤肉、白肉の塩蔵、肥料、鯨髭以外の〉其他諸種の加工雑品は、何れも金額少きものなる」とされていることから（安藤、1913：14）、この時期ではわずかなものであったと考えられる。しかしながら、その後東北・北海道地方で年々生産を増すとともに、「満州事変」から太平洋戦争にかけて軍用の大量生産があったとされているので（前田・寺岡、1952：173）、徐々に鯨肉の缶詰の生産は増加していったのであろうと考えられる。なお、1952年の段階で、鯨肉の缶詰の消費は東北地方が最大であり、祭りなどの場合の必需品になっていると指摘されている（前田・寺岡、1952：175）[6]。

　以上をまとめると、鯨肉食は、ノルウェー式捕鯨導入以降一つの大きな産業となった捕鯨業によって積極的に普及された結果、近代という時期において多少なりとも全国に広まっていったのではないかと推測できるのである。またそれは、政策的働きかけや戦争といったような、当時の日本という国家の動きとも深く結び付いていたと考えられる。この結果、一説には、白肉の消費が主だったものが、第二次世界大戦後までに赤肉類がそれをしのぐ状態になり、さらには食用としてあまり好まれていなかったマッコウクジラの赤肉も、全面的に食用として消費されるよ

うになったとのことであるが（前田・寺岡、1952：173）、はたして実際のところ、鯨肉食は当時の日本においてどの程度広まっていたのだろうか。この点について、次に具体的な数字を追うことで、あきらかにしよう。

3. 鯨肉食普及の時期と程度—アンケートの分析を通して—

3.1 用いる資料

　ここで私が資料として用いるのは、伊豆川淺吉が1941年に行ったと考えられるアンケート調査（伊豆川、1942（1973a））である。私の知る範囲では、第二次世界大戦以前の鯨肉食の普及の程度をアンケートによって調べたものは、これ以外には存在しない。また、調査結果に対する伊豆川自身による、さらには山下渉登による（山下、2004a：210）若干のコメントはあるものの、この調査の結果に対してそれを数値化して検討を加える、あるいは個々の回答を読み解いていくなどの手法による詳細な分析は、伊豆川以外の人のものを含めて行われていないと言える。ゆえに、このアンケート調査の結果を分析することは、「近代日本において、鯨肉食がどの程度広まっていたのかをあきらかにする」という本章の課題に応えるための、必要かつ的確な方法であると考えられるのである。

　調査は、近畿・中部地方の2府13県で、質問に対する回答を自由に書いてもらう方式で行われた。質問項目を往復はがきに印刷し、それを多くは各地の小学校に送付することで回答を得ている。その発送数と回答数については、**表4-1**にまとめた。回答率は、府県によって若干のばらつきが見られるものの、全体として見れば、郵送調査としてはそれほど低いものとはなっていない。なお実際は900枚送付したとのことであるが、2枚が「印刷不完全」（伊豆川、1942：115（1973a：411））であった。

第4章　近代日本における鯨肉食の普及過程

表4-1 アンケート回答数

	京都	大阪	和歌山	三重	奈良	滋賀	福井	岐阜	愛知	静岡	長野	山梨	石川	富山	新潟	全体
発送数	79	44	42	60	41	43	39	87	40	52	121	59	60	67	64	898
回答数	21	17	17	21	10	11	9	41	13	10	32	17	12	23	25	279
回答率(%)	27	39	40	35	24	26	23	47	33	19	26	29	20	34	39	31

注：回答率は、小数点以下四捨五入。
出典：伊豆川淺吉、1942、「近畿中部地方に於ける鯨肉利用調査の報告概要」『澁澤水産史研究室報告』2：113-145（日本常民文化研究所編、1973a、『日本常民生活資料叢書　第二巻』：407-441）（以下同じ）。

　質問項目の内容は、筆者（渡邊）の言葉で要約すれば、（1）いつから鯨肉を食しているか、（2）その肉は「油肉」か赤肉か、（3）一年のうち、必ず食べる日・食べない日はあるか、（4）どこから、どのようにして鯨肉が運ばれてくるか、（5）どうやって手に入れるか、（6）どう料理して食べるか、の六つである。「鯨肉を食べる」と回答した集落（地域）の回答の内容は、伊豆川自身によって表にまとめられているが、そこでは上記の（4）と（5）とが一つにまとめられ、五つにわたってのものとなっている。

　ただしこの調査結果は、それを資料として用いる前に、若干の検討を加えなければならない。まずは送付先の選定についてである。伊豆川はこの点については、「問合せ状の宛所は、大体に於て、筌の調査を試みた各地小学校を利用させて貰へたのは非常に便宜多かつた訳である」（伊豆川、1942：115（1973a：411））としか述べていない。この「筌」（うえ・うけ。竹を編んでつくった魚を捕る道具）の調査とは、澁澤敬三の設立したアチック・ミューゼアム――伊豆川はここに所属して研究を行っていた（山口、1973）――における民具の共同研究として、最初に1935年に行われた足半（あしなか）草履の研究の次に、1937年に計画されたもののことであると思われる（宮本、1972）。この調査においては、筌の現地における収集・調査とともに、アンケート調査も行われている。アンケート調査は「全国各地の有志に依頼して」（宮本、1972：964）行われ、1938年末までに604通の回答を得ていたとされている。しかしこの

3. 鯨肉食普及の時期と程度

筌の共同研究は、1937年の日本民族学会附属民族学博物館・同民族学研究所の開設に伴って、共同研究を行っていた何人かの研究者がそこへ出向することになったことなどのために中断してしまう（宮本、1972：964、967）。よってこの筌の共同研究は発表されておらず、ゆえにその際に行われたアンケート調査がどのようなものであったかは、現存するアチック・ミューゼアム関連の資料の中にその送付先のリストなどが残されている可能性はあるものの、現段階ではこれ以上のことはわからない。

そこで同時期に行われた同様の調査の結果報告から、それを推測するしかないということになる。例えば筌の共同研究に参加した宮本馨太郎は、1938年の6月から7月にかけて、いわゆる「内地」における笠について、往復はがきに質問項目を印刷したものを小学校校長に送付するというアンケートによることで、その調査研究を行っている。その際には1,503のアンケート送付先が選定されているが（回答があったのは378）、その選定にあたって宮本は、基本的には、地理的諸条件を地図より見いだし、その典型であると考えられる地を各郡一つにつき最低2カ所選ぶという方法をとっている。また調査実施の後、報告率が非常に低かった地域に対しては、宮本の知人関係者に頼ることで再調査がなされている（宮本、1940：315-346）。これより、筌の共同研究の際に行ったアンケート調査地の選定も、宮本自身の笠の調査と同様に、無作為抽出などによるものではなく恣意性を含むものであったと推測し得る。すると、伊豆川をはじめ、当時アチック・ミューゼアムに連なった人々が行ったこの種のアンケート調査は、当人たちの意図はともかくとして、その結果を数値化したところで、厳密な統計学的分析に耐え得るものではないことを意味することになる。

しかしながらだからといって、第二次世界大戦以前の鯨肉食の普及の程度をアンケートによって調べたものは、先に述べたようにこれ以外には存在しないと考えられるがゆえに、その結果を数値化して分析するこ

第4章　近代日本における鯨肉食の普及過程

とが、全く意味をなさないということにはならないと思われる。そこで、実際の分析においては、質問の回答それぞれの回答数全体に占める割合を、各質問一つ一つにおいて示すにとどめ、複数の質問間の関係を分析することは行わない。とはいえそれによって、個別の回答を羅列しただけではわからない、ある「傾向」はあきらかになるのではないかと考えている。

また伊豆川は、前述の回答をまとめた表とともに、調査した地域（市町村名）を記した地図も作成している。この二つにはいくつもの相違があるとともに、結果の分析にあたっては若干の数値の操作を必要とするものがある。それらについては、以下の分析の実際、及び調査結果を筆者（渡邊）がまとめた表の注において述べることにする[7]。

さらには残念なことに、この調査は近畿・中部地方に限られており、本章第2節で述べたようにそれほど鯨肉が好まれてはいなかった関東地方、及び近代以降捕鯨会社の事業場がいくつも置かれることになった東北・北海道地方、そして当時の日本の植民地が含まれていない[8]。しかしながら、群馬・埼玉・栃木を除くいわゆる「海なし県」がここに含まれているので、流れ鯨や寄り鯨を利用していなかった、あるいは流通や保存技術が未発達であったことを含む様々な要因によってクジラを利用していなかった人々が、いつ鯨肉を食するようになったかなどについて、ある程度はつかむことができるのではないかと考えられる。なお伊豆川は、「油肉」と赤肉、というように鯨肉を区分しているが、この「油肉」は、先に述べた白肉や白手物と呼ばれる部分と同じであると判断して差し支えないと考えている。

3.2 鯨肉を食べる地域の割合について

表及び地図には、基本的に、回答があった集落の位置する市町村名が記されているが（若干の問題点と、それを解決するために行った操作につい

3. 鯨肉食普及の時期と程度

表4-2　鯨肉を食べる地域の割合

	京都	大阪	和歌山	三重	奈良	滋賀	福井	岐阜	愛知	静岡	長野	山梨	石川	富山	新潟	全体
食べる	15+2	14+1	12+8	19+10	6+2	4+2	7+3	28+5	4+2	5+2	31+5	13+2	10+3	14+4	24+14	206+65
食べない	5	1	4	2	3	7	2	9	9	5	2	4	2	8	0	63
食べる割合(%)	75 [77]	93 [94]	75 [83]	90 [94]	67 [73]	36 [46]	78 [83]	76 [79]	31 [40]	50 [58]	94 [95]	76 [79]	83 [87]	64 [69]	100 [100]	77 [81]

注1：アンケートは、表及び地図上に、地域ごとに記していくことでまとめられているが、この表と地図は様々な点で食い違いを見せている。具体的に言えば、(1)「回答があって鯨肉を食べないとわかった地域」は、地図には記載されているが、表には一部の例外を除いて記載されていない。(2)アンケートにおいては、当該地域が鯨肉を入手する先の地域が聞かれており、地図では、その入手する先の地域は調査されていない（回答がない）のにもかかわらず、その地域も「鯨肉を食する地域」とされている（例えばある地域が名古屋市から鯨肉を入手している場合、名古屋市自体は調査されていない（回答がない）のにもかかわらず、「鯨肉を食する地域」となっているなど）。(3)地域名や「食べる」か「食べない」かが、表（表には市町村名が記載）と地図では食い違うものがある。さらには、表には記載されていないが、地図には「鯨肉を食する地域」と記載されている地域がある。

これらの点をふまえ、以下の方法によって、アンケートを分析することにする。(1)まず地図より、「食べない」地域の数を確定する。(2)次に表と、地図の「食べる」の地域を照らし合わせる。そして、「食べる」のカテゴリーは、「表より鯨肉を食べるとわかった地域」＋「鯨肉を入手する先の地域」であると、地図のみに書かれている地域」で表示する。なお、地図に都市名、表にその都市内の複数の地域名が記されている場合（例えば、地図に「京都」と記され、表には京都市内の複数の地域が記されている場合など）は、重複を避け、「鯨肉を入手する先の地域」であると、地図のみに書かれている地域」からその都市（例示した場合では「京都」）を除いてある。(3)「食べる割合」は、「表より鯨肉を食べるとわかった地域」／「アンケート回答数」（「表より鯨肉を食べるとわかった地域」＋「鯨肉を入手する先の地域」であると、地図のみに書かれている地域」）／（「アンケート回答数」＋「鯨肉を入手する先の地域」であると、地図のみに書かれている地域」）で計算し、後者をカッコ［　］に入れて表示する（小数点以下四捨五入）。(4)「表より鯨肉を食べるとわかった地域」と「回答があって鯨肉を食べないとわかった地域」の合計が、「アンケート回答数」とずれる場合がある。この場合、「食べる割合」を、「表より鯨肉を食べるとわかった地域」／（「表より鯨肉を食べるとわかった地域」＋「回答があって鯨肉を食べないとわかった地域」）、及び（「表より鯨肉を食べるとわかった地域」＋「鯨肉を入手する先の地域」であると、地図のみに書かれている地域」）／（「表より鯨肉を食べるとわかった地域」＋「回答があって鯨肉を食べないとわかった地域」＋「鯨肉を入手する先の地域」であると、地図のみに書かれている地域」）で計算する。なお、過去に一度でも鯨肉を食したことがあれば、「食べる」集落と判断してある。

注2：地域名や「食べる」か「食べない」かが、表と地図で誤字・脱字の範囲を超えて食い違う場合、以下のように処理した。

福井：・表の「五箇」、地図にある「打波」に対応していると判断。旧「五箇村」を含む現在の大野市の地名「上打波」「下打波」より。

岐阜：・表の「福岡」、「養老」、それぞれ地図にある「田瀬」、「沢田」に対応していると判断。現在の福岡町の地名「田瀬」、及び当時の養老村が旧「沢田村」を含むことより。
・表の「久々野」、地図にある「大町」と判断。地図上の位置が合致することとともに、「大町」が現在の久々野町の地名「大西」の誤記である可能性もあるため。
・表の「坂内」は、現在の坂内村のことと考えられるが、地図上の坂内村の位置には何も記されていない。地図への記入漏れの可能性があるので、「表より鯨肉を食べるとわかった地域」に数えた。

愛知：・表の「鳳来寺」、「園」、それぞれ地図にある「布里」、「古真立」に対応していると判断。前者は旧「鳳来寺村」を含む現在の鳳来町の地名「布里」より。後者は、旧「園村」を含む現在の東栄町に隣接する、豊根村にした「古真立」、表・地図のどちらかの誤記であると考えられるため。

長野：・表の「南小谷」、「豊里」、それぞれ現在の小谷村、上田市に含まれる旧村の名だが、地図上のそれらの位置には何も記されていない。地図への記入漏れの可能性があるので、「表より鯨肉を食べるとわかった地域」に数えた。
・表の「瀧」について。かつて及び現在において、「瀧」という市町村名は長野県には存在しない。しかしながら、誤記の可能性があるので、除外することなしに「表より鯨肉を食べるとわかった地域」に数えることにした。
・「瑞穂」は、表では「食べる」ことになっているのだが、地図では「食べない」ことになっている。この場合、肉の種類や入手経路がまとめられている表の方を重視し、「食べる」と判断することにした。

山梨：・表の「山城」は、当時の山城村のことと考えられるが、地図上の山城村の位置には何も記されていない。地図への記入漏れの可能性があるので、「表より鯨肉を食べるとわかった地域」に数えた。

石川：・表の「宝立」、「南大海」、それぞれ地図にある「鵜飼」、「八野」に対応していると判断。旧「宝立町」を含む現在の珠洲市の地名「鵜飼」、旧「南大海村」を含む現在の高松町の地名「八野」より。

注3：表の大阪の部分に「神戸」、地図の大阪府域内に「尼崎」があるが、これらは除外している。

第4章　近代日本における鯨肉食の普及過程

ては、表4-2の注を参照してほしい)、それをもとに、まず調査時点（1941年）で、いったいどのくらいの割合で鯨肉が食べられていたのかを見てみよう。表4-2がそれである。これによると、全体としては77［81］％の集落が「食べる」としている。しかしながら、各府県の割合を見てみると、ばらつきが見受けられる。極端に低いのが愛知と滋賀であり、それぞれ31［40］％、36［46］％となっている。ついで静岡、富山、奈良の順で、これら五つが、他府県と比較して低い部類に入るものとなっていると言える。愛知と滋賀がこのような極端に低い結果となった理由は、以下のように推測できる。まず愛知県は養鶏が盛んであるとされており[9]、よって、鶏肉の利用がある程度普及していたと考えられ、ゆえに鯨肉の入り込む隙間がなかったのではないか、ということである。しかしながら、第二次世界大戦前においては鶏肉は高級品であり（本章注4も参照)、それほどその消費があったわけではないとされているので（吉岡・大西・高野編、1963：16-17、194-196)、はたして上記の事柄が、鯨肉が普及していなかったことの理由となり得るかについては、さらなる検討の余地があると考えられる。次に滋賀県であるが、滋賀県は「海なし県」であるとともに琵琶湖という大きな湖をかかえており、よって淡水産の魚介類の利用が盛んであって、ゆえに鯨肉は好まれずそれをあえて食材として選ぶ必要もなかったのではないかということが、極端に低い結果となった理由として推測される。なお、地図によれば、愛知県で回答があった集落は三河地方に集中しており、尾張地方は皆無であった。もし尾張地方からの回答があった場合は、結果は多少変化していたという可能性もある。また、静岡県が低かった理由に関連して興味深い調査結果が報告されているのだが、それについては後述する。

　次に、割合の高いものを見ると、100％は新潟だけであり、そして、その次に高いのが「海なし県」の長野の94［95］％であることは興味深い。表及び地図によると、新潟県、東京、そして名古屋などを経由して、

長野へ鯨肉が入ってきている。また、かつては網捕り式捕鯨が行われており、その後、捕鯨会社によるノルウェー式捕鯨が行われていた和歌山[10]において、「食べない」と回答した集落が4カ所あるのは、意外と言うべきであろう。

3．3 初めて鯨肉が入った時期

さてこれ以降は、質問に対する具体的な回答の記述がある、伊豆川がまとめた表に記載してある集落を中心として見ていくことにする。**表4－3**は、各集落に初めて鯨肉が入った時期について分類したものである。まず、表の年代の分け方の根拠について述べたい。筆者（渡邊）は第1章で、近代の日本捕鯨業の展開過程を五つに時期区分したが、それぞれの区分の境界は、ノルウェー式捕鯨が初めて導入された年（1897年）、東洋捕鯨の誕生（1909年）、初の母船式捕鯨の実施（1934年）、そして、母船式捕鯨の中止（1942年より）であった。最後のものは調査された年（1941年）より後の出来事なので当然考えなくてよい。そしてそのほかは、順番に、44年前、32年前、7年前となっている。だが、実際の回答を見てみると、とりわけ「八十年前位」、「五十年前」、「三十年前」といったような回答がいくつも見られるとともに、「十年程前」というものもあった。回答とその時期に何が起こっていたかを見るに、「五十年前」、「十年程前」といったものは、前者がノルウェー式捕鯨が初めて導入された年を、後者が初の母船式捕鯨の実施の年を契機として、鯨肉が集落へと入ったことを意味していると思えるが[11]、もし先にあげたように、44年前、32年前、7年前と機械的に区分した場合、これらの回答がこぼれ落ちてしまうことになってしまう。ゆえに、前者を50年前、後者を10年前とすることにしたのである。なお、32年前を30年前としても、「三十年前」という回答はこぼれ落ちることがないので、10年を単位として区切った他のものとのバランスを考えて、30年前を採用することにした。

表 4-3 集落に初めて鯨肉が入った時期（1941年よりさかのぼって）

	京都	大阪	和歌山	三重	奈良	滋賀	福井	岐阜	愛知	静岡	長野	山梨	石川	富山	新潟	全体
10年前以後	1(7)	0	0	0	0	0	0	0	2(50)	1(20)	0	0	0	0	0	4(2)
11～30年前	0	2(14)	1(8)	4(21)	3(50)	2(50)	0	8(29)	2(50)	0	3(10)	5(38)	0	6(43)	2(8)	38(18)
31～50年前	4(27)	5(36)	1(8)	3(16)	1(17)	0	1(14)	3(11)	0	0	7(23)	2(15)	0	1(7)	3(13)	31(15)
51～80年前	0	2(14)	2(17)	2(11)	0	0	0	1(4)	0	1(20)	3(10)	2(15)	2(20)	1(7)	3(13)	19(9)
80年前より前	7(47)	1(7)	4(33)	1(5)	1(17)	0	2(29)	4(14)	0	0	1(3)	1(8)	1(10)	4(29)	12(50)	41(20)
不明	3(20)	4(29)	4(33)	9(47)	1(17)	2(50)	4(57)	12(43)	0	3(60)	15(48)	3(23)	7(70)	2(14)	4(17)	73(35)
合計	15	14	12	19	6	4	7	28	4	5	31	13	10	14	24	206

注1：カッコ（　）内の数字はパーセント。各府県及び全体のそれぞれのカテゴリーの数字を、その府県及び全体の合計で割ったものである（小数点以下四捨五入）。ゆえに、それらの合計が100パーセントにならない場合がある。
注2：この表では、どんな量・種類であれ、鯨肉が初めて集落で食べられるようになった時を、「集落に鯨肉が入った時期」と考えている。ただし、薬用に用いられたとある内臓については、除外して考えている。
注3：「〇〇年」に「約」・「位」などといった「あいまい表現」がついたもの、及び「〇〇年以前」、「〇〇年前らしいが不明」、「〇〇年より、それ以前は不明」といったような表現のものは、その年（「〇〇年」）から鯨肉を食するようになったと考えた。
注4：「古くから」、「随分以前より」、「九十歳位の老人でも小さい時に食べた」、及びこれらに類似した表現のものは、「不明」のカテゴリーに含めた。
注5：「明治末期」、「明治の中頃以後」、「日清役後」という表現のものは「31～50年前」のカテゴリーに、「明治以後」、「明治初年」という表現のものは、「51～80年前」のカテゴリーに、「明治以前」、「明治初年以前」という表現のものは、「80年前より前」のカテゴリーに含めた。
注6：「五、六十年前」という表現のものは、「51～80年前」のカテゴリーに含めた。

　さらに、「八十年前」についてだが、このような回答や「明治初年」といった回答がいくつもなされた理由は、いわゆる「明治維新」（1868年）以降の社会の変化によって肉食のタブーが弱まったことを意味していると思われる。そこで、これらの回答をこぼれ落ちさせないために、80年前とそれより前とで、区分を行うことにした。

　しかしながら、回答をまとめてみると、その3分の1強が「不明」ということになっていた。ゆえに、伊豆川自身が述べているように、「どの程度の信頼を此の報告に置き得るやは疑問が存する」（伊豆川、1942：116（1973a：412））結果となっていることを考慮に入れて、分析を進めることにする。

　まず全体を見ると、ノルウェー式捕鯨導入以降（50年前以後）に鯨肉が入った集落は合計して73（35％）あることがわかる。これと、表4-2の「食べない」集落を合わせると136となり、これは、表4-1の回答

数（279）の49％（小数点以下四捨五入、以下同様）、表4-2の「食べる」集落（表にあるもののみ）と「食べない」集落の合計（269）の51％となっている。すなわち、ノルウェー式捕鯨導入より前には、回答のあった集落の少なくとも半数ほどが、鯨肉を食べていなかったことがわかるのである。

　次に府県別の数字を見てみよう。最初に、前述した「食べる」割合の低い府県五つについてだが、滋賀と静岡で「不明」の割合が高いことを考慮しても、これら五つ全体の傾向として、多くの集落で30年前以後という、比較的新しい時期に鯨肉が入ったことがわかる。また、「海なし県」を見てみると、30年前以後という回答の合計の割合が、奈良・滋賀で50％、山梨で38％、岐阜で29％というように比較的高い。ただし、「食べる」割合の高かった長野は、30年前以後では10％と低く、また50年前以後で見てみても32％で、全体のその割合（35％、前述）よりわずかに低いものとなっている。しかしながら、長野は「不明」の割合が高く（48％）、ノルウェー式捕鯨導入より前（50年前より前）に鯨肉が入った集落の割合も、19％と全体のそれ（29％）より低い。よって、これらより判断して、「海なし県」全体として、比較的新しい時期に鯨肉が入ったとしても差し支えないと考えられる。

　その他の府県も見ておこう。回答のあった集落の100％が「食べる」と答えた新潟は、80年前より前と答えた集落が50％あり、鯨肉が集落に入った時期も古い。また和歌山も、80年前より前との答えが33％とやや高い。京都もこのカテゴリーは47％と高いが、地図によれば、こう回答した集落のうち、四つが日本海に面している。丹後の伊根においては、少なくとも1600年前後から19世紀末にかけての間に、湾を網で仕切ること（楯切網）によって捕鯨が行われていたことが知られているが（福本、1978（1993）：41-43、52-54）、伊豆川のまとめた表を見ても、その伊根と栗田において、この時点で、集落において捕れたものを利用する（捕

獲方法は不明）と答えている[12]。その一方で、31〜50年前と答えたものも27％あるので、大阪におけるこのカテゴリーの回答36％と併せて考えて、このことは、ノルウェー式捕鯨導入以前には、関西（阪神）地方全体ではそれほど赤肉は消費されてはいなかったのではないかと考えられるという前述した指摘を、裏付けるものとなっていると言えよう[13]。

3．4 食する鯨肉の種類

表4-4は、食する鯨肉の種類を、赤肉と油肉に加えて、回答に多く登場した缶詰の利用に分けることで、作成されたものである。これによると、まず全体を見た場合、「赤肉と油肉」を食すると回答したものが31％と最も多く、次いで「赤肉のみ」（25％）、「油肉のみ」（23％）と続き、「缶詰のみ」と答えたのは10％であった。そして、赤肉と回答したものすべての合計は125で、これは、伊豆川の表にある「食べる」と回答した集落全体（206）の61％、表4-1の回答数（279）の45％、表4-2の「食べる」集落と「食べない」集落の合計（269）の46％となっている。すなわち、調査時点では、全体として見て4割5分程度、鯨肉を食べる集落においても6割程度しか、赤肉は普及していなかったことがわかるのである。

次に、「食べる」割合の低い府県五つを見ると、これらの間に一定の傾向が見いだせるようなものとはなってはいない。その一方で、缶詰の利用は、ほとんど「海なし県」に集中していることがわかる。とりわけ、「海なし県」の「缶詰のみ」の割合の数字は、東へ行くほど高くなる傾向となっている。よってこのことは、本章第2節で述べた缶詰の生産の度合いを考慮すると、「海なし県」の多くは比較的新しい時期に鯨肉が入ったとする、表4-3の分析の結果を補完するものとなっていると言えるのである。そして、「缶詰のみ」の割合が高いということは、長野・山梨では、鯨肉が日常的に食べられる種類の食材とはなっていなか

3. 鯨肉食普及の時期と程度

表4-4　食する鯨肉の種類

	京都	大阪	和歌山	三重	奈良	滋賀	福井	岐阜	愛知	静岡	長野	山梨	石川	富山	新潟	全体
赤肉のみ	1(7)	6(43)	7(58)	12(63)	1(17)	1(25)	1(14)	8(29)	3(75)	3(60)	2(6)	1(8)	1(10)	4(29)	1(4)	52(25)
油肉のみ	2(13)	0	0	1(5)	1(17)	1(25)	5(71)	10(36)	0	0	10(32)	0	3(30)	1(7)	13(54)	47(23)
缶詰のみ	0	0	0	0	0	0	0	3(11)	1(25)	0	9(29)	7(54)	0	1(7)	0	21(10)
赤肉と油肉	10(67)	8(57)	4(33)	6(32)	2(33)	2(50)	1(14)	3(11)	0	2(40)	5(16)	2(15)	6(60)	7(50)	5(21)	63(31)
内、主として赤肉	1	1	2	1	0	0	0	1	0	0	0	0	1	0	1	8
内、主として油肉	0	0	0	1	0	2	1	1	0	0	2	1	0	0	2	10
赤肉と缶詰	0	0	0	0	0	0	0	1(4)	0	0	1(3)	1(8)	0	1(7)	0	4(2)
油肉と缶詰	0	0	0	0	0	0	0	1(4)	0	0	3(10)	0	0	0	4(17)	8(4)
赤肉・油肉・缶詰	0	0	0	0	1(17)	0	0	1(4)	0	0	1(3)	2(15)	0	0	1(4)	6(3)
不明	2(13)	0	1(8)	0	1(17)	0	0	1(4)	0	0	0	0	0	0	0	5(2)
合計	15	14	12	19	6	4	7	28	4	5	31	13	10	14	24	206

注1：カッコ（　）内の数字はパーセント。各府県及び全体のそれぞれのカテゴリーの数字を、各府県及び全体の合計で割ったものである（小数点以下四捨五入）。ゆえに、それらの合計が100パーセントにならない場合がある。
注2：過去に一度でもその肉を食したことがあれば、それを含めてカテゴリー化してある。なお、内臓については、薬用であり、また回答にほとんど登場しないので、除外して考えている。
注3：「主として赤肉」、「油肉の方多し」、及びこれらに類似した表現のものは、「赤肉と油肉」のカテゴリーに含め、その上でさらなるカテゴリー化を行っている。
注4：料理法や集落に入った年代を質問した箇所の回答で、肉の種類を質問した箇所での回答以外の肉が使用されている場合には、それを含めた上でカテゴリー化した。
注5：料理法を質問した箇所で「缶詰」とだけ回答がある場合には、他の箇所の回答であきらかに缶詰以外の肉を食していることがわかるもの以外は、肉の種類を質問した箇所の回答いかんに関わらず、「缶詰のみ」のカテゴリーに含めた。
注6：「コロ」、「いりがら」、「赤肉の『いじがら』」といったような回答は、鯨油採取の副産物として生ずる「煎粕」のことをさしていると考えられた。これについては、油肉に含めることにした。
注7：「皮」、「黒（皮カ？）」との回答は、油肉と判断してある。
注8：「生肉」は赤肉と判断してある。
注9：「乾肉（赤肉？）」との回答は、赤肉と判断してある。
注10：「油赤肉」と表現されているものは、「赤肉と油肉」のカテゴリーに含めている。
注11：新潟県・奈良県において赤肉・油肉・缶詰それぞれを食する集落（寺泊・波多野）は、両方とも「主として油肉」を食するとのことである。また、岐阜県において赤肉・油肉・缶詰それぞれを食する集落（奥明方）は、「多くカンズメ」であるとのことである。

ったということを、意味しているとも言えると思えるのである。

　またこの他、太平洋に面する大阪・和歌山・三重（及び愛知・静岡）では「赤肉のみ」の割合が、日本海に面する福井・新潟において「油肉のみ」の割合が、全体のものと比較して極端に高くなっていることは興味深い。この理由として考えられることについては、後述したい。

3.5 鯨肉を食べる日・食べない日について

　最後に、一年のうち、必ず食べる日・食べない日はあるかという質問への回答を中心として見ていくことで、クジラについての「民俗的なもの」と呼ばれるようなものを、分析していくことにする。まず、土用に食べると答えた集落であるが、**表4-5**によると、太平洋に面する府県では皆無なのに対して、京都・福井・石川・新潟という日本海に面する府県、及び「海なし県」の岐阜・長野・山梨では、食べるとの回答があった。とりわけ福井・新潟において、その割合が高い。この結果は、表4-4によりあきらかになった、太平洋に面する府県では「赤肉のみ」の割合が、日本海に面する福井・新潟においては「油肉のみ」の割合が、極端に高くなっていることに重なるのである。実際、1912年の段階の報告でも、白肉の需要地は全国に広がっており、とりわけ夏季に「土用鯨」として賞味されるとされている（安藤、1912b：29-30）。そして、ほとんどの集落が土用に食べるとした福井県の場合を、伊豆川の表で見ても、「赤肉のみ」と答えた集落以外はすべて土用に食べると答え、その料理法は味噌汁などの汁物となっているのである。また新潟の場合も、土用に食べるとした10集落のうち、「赤肉と油肉」が3、「油肉と缶詰」が1、残りの六つが「油肉のみ」となっており、料理法として10集落すべてに汁物が含まれている。

　これらより、次のことが言えるのではないだろうか。日本海側では多くの場合、白肉をウナギのごとく「縁起物」として食しており、その習慣が、岐阜や長野のような「海なし県」に何らかの理由でもって伝わっていったのだと。またこのことは、「白肉のみ」を食する地域が、日常的に鯨肉を食べているわけではないことを逆に意味することになるのではないか、とも考えられるのである。ところで、日本海に面するといっても、京都・石川は土用に食する割合はやや低く、富山では報告されていない。これらの三つの県に共通しているのは、表4-4によれば「赤

3. 鯨肉食普及の時期と程度

表4-5　鯨肉を食べる日・食べない日

	京都	大阪	和歌山	三重	奈良	滋賀	福井	岐阜	愛知	静岡	長野	山梨	石川	富山	新潟	全体
鯨肉を食べる集落	15	14	12	19	6	4	7	28	4	5	31	13	10	14	24	206
内、土用に食べる集落	3 (20)	0	0	0	0	0	6 (86)	5 (18)	0	0	7 (23)	1 (8)	1 (10)	0	10 (42)	33 (16)
内、「祭」の日に食べる集落	0	1	0	0	0	0	0	0	0	0	0	0	0	0	0	2
内、結婚式の時に食べる集落	0	0	0	0	0	0	0	0	0	0	0	0	0	0	3	3
内、仏事の日に食べない集落	1 (7)	1 (7)	3 (25)	1 (5)	0	0	0	0	0	0	0	1 (10)	1 (7)	0	3 (13)	11 (5)

注1：カッコ（　）内の数字はパーセント。各府県及び全体のそれぞれのカテゴリーの数字を、その府県及び全体の合計で割ったものである（小数点以下四捨五入）。
注2：過去にその日に食していたことがあれば、それを含めてカテゴリー化してある。
注3：「土用の丑の日に食す家もある」などといったあいまいなかたちでの表現のものであっても、土用に食べる集落に数えることにした。
注4：「食、不食の日」を質問した箇所で、「土用の牛の日」、及びこれに類似した表現だけあり、食すか食さないかの記述がない場合、「土用に食さない」という記述が皆無であることより考えて、「土用に食す」ものと判断している。
注5：「食、不食の日」を質問した箇所で、「夏季主として食す」、「七月に食べる」、「食すと夏陽気あたりをせず」、「暑気に負けないと云つて、主として夏季に用ふ」、「夏暑い時にたべた」、「夏日食する」、「一定せず、八月中には一回必ず食ふ」と表現されているものは、土用に食べると判断した。
注6：除外した、表の大阪の部分にある「神戸」においては、「アエモンに混じてお祭に使ひし如し」との回答がある。
注7：新潟県の上郷のものとして、「旧十二月三十一日、正月十五日必ず食すおひまつ、正月十一日、五月二日、九月四日、十二月四日は必ず食はぬ」との記述がある。しかしながら、大晦日以外、これらの日がいったい何の日であるかが不明なので、「祭」の日及び仏事の日として数えないことにした。
注8：「祝言」、「嫁取婿取」と表現されているものは、結婚式の日と判断した。
注9：「仏日」、「精進日」、「親〈あるいは家族、祖先〉の命日」、「庚申の日」、「忌日」と表現されているものは、仏事の日と判断してある。

肉と油肉」を食すると答えた回答の割合が高いことと、当地で捕れたものを利用すると答えた集落が存在する（本章注12を参照）ことである。能登半島における捕鯨の時期は冬から春にかけてとされているので（北村、1838（1995：132-134）；東洋捕鯨株式会社編、1910：20）、日本海側全体における捕鯨の時期も冬から春にかけてと考えられる。このことを考慮すると、これらの府県の集落は冬期に鯨肉（赤肉）を食していた可能性があり、よって、鯨肉の利用は他の日本海側の県と比べて相対的に日常のものとなっており、ゆえに、それが特別な「縁起物」として理解されることは、それほどなかったのではないかと推測できるのである。同様のことは太平洋側の、とりわけ捕鯨を行っていた集落を抱える府県に

も言えることであろうと思われる。なお、表4-4の分析で赤肉について行ったのと同様の計算を油肉で行うと、合計は124で、赤肉の場合とほぼ同数となる。これより、伊豆川の表において「食べる」と回答した集落の4割程度が、白肉を利用しないということになる。白肉を利用しないというものは、「赤肉のみ」、「缶詰のみ」の利用に大別できると考えられる。そして、「食べる」割合の低い府県や「海なし県」の場合、比較的新しい時期に、換言すれば本章第2節で述べた、一つの大きな産業となった捕鯨業による積極的普及そして国家の動きの結果として、これまで鯨肉が利用されていなかった地域へ鯨肉が入ったと考えられるので、「赤肉のみ」、「缶詰のみ」の利用ということになったと思われる[14]。しかしながら、なぜ捕鯨が行われていた和歌山や三重で「赤肉のみ」の割合が高いのかは、はっきりとしない。捕鯨地の近くでは赤肉が好まれ、基本的に塩蔵していた白肉は、遠方へ売るものとされていたのであろうか。

　次に、「祭り」の日に食べると回答のあったものは二つあった。一つは大阪・布施であり、「一月九日お弓様前で式をすませた後、頭家の家にて酒宴あり、此の時の食物には必ず鯨肉がなければならぬ（水菜と）理由不詳」とのことである。もう一つは、滋賀・三上であり、「毎年二月九日オモノと云ひ神社の例祭日に神輿駕輿丁の各組に於て必ずなくてはならぬ一つとなつてゐる、これは昔から今に至る迄行はれてゐる、又附近にも一ケ所毎年正月中旬頃定つて食する事がある由」との回答があった。また、結婚式の時に食べると回答があったのは新潟の3例のみであり、料理法は三つとも汁物である。他の資料によれば、日向地方では、婚礼などのめでたい宴席の料理には必ずクジラを用いると言われ、長崎市では、年頭、節分、そして「田舎」では田植えの時に、「肴として是非共鯨の身を各戸に備へなければならない」ことになっている（東洋捕鯨株式会社編、1910：136-137）。さらには、九州及び奥羽地方などでは、

正月に際して、雑煮のモチとともに必ずクジラの皮を膳にのせることが吉とされているとの報告がある[15]。この理由として、正月に大きなものを食べれば縁起がよいとされ、ゆえにイワシよりもサケ、ブリよりもクジラ、というように、大魚を選んだ結果ではないかと推測されているが（安藤、1912b：30）、上述した「祭」や結婚式の場合も、同様なかたちで、「縁起物」として食されていたのだろうと思われる。

これらに対して、「食べない日」ということで、いわゆる仏事の日をあげたものが、全体として11カ所ある。しかしながら、これらに特定の傾向は見いだせない。これは、例えば、「魚類と同様仏日には食べぬ」（和歌山・湯浅）、「庚申の日には肉類を食はず」（新潟・湯之谷）、さらには、「崇仏精神強烈にして〈クジラそのものを〉往昔は食せず、明治以後に至り口にす」「現在は〈食べる・食べない日の〉区別なし」（前記二つとも和歌山・七川）といった回答よりあきらかなように、クジラに関する習慣というよりも、仏事の日には肉類は食べないという習慣が、まだこの時期には全国各地に残っていたと解釈すべきだろう。

なお、このことに関連して、「食べない」という回答のうち、伊豆川があえて表に記述したものについて取り上げたい。それは、静岡県における二つの回答である。静岡県の御前崎では、「此の地方では捕鯨は勿論鯨肉を食すといふ事についても全く無縁です、それについての口碑伝説を聞いたこともありません」、下田では、「伊豆地方に於ては、昔から信仰的に鯨は福の神であると称し捕鯨は絶対にせず、鯨肉も食はない習慣になつてゐます、いるかの肉は食べる」と報告されている。第1章・第2章で示したように、クジラが「恵比須」などといったかたちで信仰の対象となっていた地域があり、この報告もその一例であると考えられるが、この場合、若干の考察を必要とする。まず、クジラを「福の神」としていた理由だが、これについては、前述の「恵比須」信仰が生じたのは、クジラが漁業の対象となるイワシを追いかけることで、それを沿

岸へと導いてくれるからであるとするのと、同様のことが言えると考えられる。と、いうのも、静岡県の駿河湾から伊豆半島の沿岸部にかけての地域では、カツオの一本釣りが盛んだったのだが、そのカツオの群れの発見に際しては、カツオの群れが付いている可能性があるオオミズナギドリの群れや流木などとともに、クジラ（イワシクジラ）の発見にも努めたことが指摘されているからである（静岡県編、1989：73、125-126；1991：477-483）。

　しかしながら、この場合、もう少し慎重になる必要がある。駿河湾から伊豆半島の沿岸部にかけての地域においては、西から御前崎、清水駒越（地図では「青水」とあるが、「清水」の誤記であると判断した）、長浜、下田、網代の5カ所から回答を得ていた。これらのうち、御前崎・下田については前述のようであった。しかし清水駒越においては他所から入って来たものを、長浜・網代については集落で捕れたものを食すると報告されているのである。このような結果となった理由として推測できることは、下田よりの報告にあったように、伊豆半島では古くからイルカ漁が行われていたのだが（例えば、中村、1988：100-123)[16]、その獲物をクジラに含めるかイルカに含めるかは、地域あるいは個人によってまちまちであり、ゆえに、アンケートの回答者がイルカをクジラと判断して報告した、ということがまずあげられる。またこの時期には、捕鯨や鯨肉食を行わないという習慣がなくなりつつあったということも、同時に推測し得る。この点についてはこれ以上ははっきりとしないのであるが[17]、いずれにせよこの地では、今日80種ほどいるとされている、イルカやネズミイルカの仲間を含むクジラ目の生き物とのかかわりのあり方が、かつてはその種類によって異なっていたという可能性があるとは言えるのではないだろうか。

4. 小括

　アンケートは限定的なものであったが、それでもなお、これまでの議論において多くのことがあきらかになったと思われる。最後にそれをまとめよう。近代日本において鯨肉食が普及していくことの契機となったのは、ノルウェー式捕鯨の導入であった。これ以降、一つの大きな産業となった捕鯨業による積極的な働きかけとともに、政策的働きかけや戦争といった国家の動きとも深く結び付きながら、近畿・中部地方においてもそれまで半数ほどの集落でしか食べられていなかったと考えられる鯨肉が、しだいに普及していくことになった。

　その後、1941年の段階では、近畿・中部地方においても8割前後の集落が、鯨肉を食するようになっていた。しかしながらその内実を見ると、府県によっては鯨肉を食べる集落の割合が極端に低いところがあった。そして、赤肉の普及は、鯨肉を食べる集落においても6割程度であり、古くから利用していたとされている白肉は、「縁起物」として非日常的に食されていた部分があると考えられることもあきらかになった。さらには、日本海側は白肉の、太平洋側は赤肉の、「海なし県」は缶詰の利用の割合が高いことがあきらかになり、また、クジラを「福の神」としているがゆえに、捕鯨や鯨肉食を行わない集落も存在していた。これより、利用しないというものも含め、地域それぞれにおいて異なった利用の仕方、異なった「食べられ方」がなされていたと言えよう。

　以上のことより、森田の指摘のとおり、全国的かつ日常的にクジラを食するようになったのは、第二次世界大戦後であったということが言えると考えられるのである。そして、鯨肉食は「日本民族」の伝統的食文化であるなどとする言説は、説得的でないことも確認できるのである。

　また、第1章・第2章で述べたことを加味すると、本章であきらかになったことは、クジラを捕獲し食するということが、日本の、あるいは

日本という国家の庇護の下にある産業の支配によって、植民地を含むこれまでにそのようなかたちでの食生活が成立していなかった地域へ侵入していく過程であるととらえることができる。これに関連して、本章冒頭で触れた R. L. Barsh は、先住民社会においては自らの健康を維持するという部分でも適合的となっている、野生生物の捕獲により得られたものを食するということが、西欧の支配によるその食生活の侵入のために破壊されつつあると指摘している (Barsh, 2001：158-165)。この指摘は、先住民社会に対してはそのとおりであると思える。しかし、本章では上述のように、日本の覇権によるクジラの捕獲と鯨肉食の侵入過程があきらかになったがゆえに、野生生物の捕獲が覇権によって実行できなくなるという図式が描かれているという意味においては、Barsh の指摘はやや単純すぎると言えるだろう。

注
1 この点に関しては、近藤勲氏にご教示いただいた。
2 1849〜1865年の平均は、資料にある計算結果が誤っていると考えられるので訂正した。なお、平均の計算結果が割り切れないものは、小数点以下二桁で四捨五入してある。
3 前田敬治郎・寺岡義郎（前田・寺岡、1952：171、174-175）はこう書いているが、東洋捕鯨株式会社編（東洋捕鯨株式会社編、1910）の36頁と37頁の間には、「東洋捕鯨株式会社大阪以東鯨肉類特約大販売」するものとしての、「伊佐奈商会」の広告が記載されている。なお、山田桃作（前田・寺岡、1952：174には、「山口桃作」とあるが、誤植と判断している）は、1910年の段階で東洋捕鯨の監査役である（東洋捕鯨株式会社編、1910：18、及び80頁の次の頁にある写真より）。
4 『東京日日新聞』の報道（「鯨肉を売る」、1919）によれば、その当時、百目（375グラム）あたり、牛肉ロースが１円60銭、鶏肉ササミが１円80銭、馬肉が60銭であったのに対して、クジラの赤肉は16銭、畝は30銭であったという。ただし、これらの鯨肉の価格が、損益を度外視した廉価販売の際のものなのか通常の販売の際のものなのかということについ

ては、不明である。

5 前田・寺岡（前田・寺岡、1952：173）は、1908年に、「東洋捕鯨株式会社鮎川事業場〈宮城県〉」で試製されたのが鯨肉の缶詰の始まりとしているが、これは誤りであると考えられる。なお、安藤俊吉（安藤、1913：14）の、「十余年前より始められたり」との記述は、時期的に一致する。

6 この根拠として、前田・寺岡は、「缶詰の製造は早くから東北で始められた」ことをあげているが（前田・寺岡、1952：175）、本章注5で示したことをふまえれば、この根拠は不確かである。

7 表と地図との間の、市町村名の相違の確認とその処理にあたっては、人文社編（人文社編、1997）及び日本加除出版株式会社編（日本加除出版株式会社編、1979）を参照した。

8 伊豆川自身は、近畿・中部地方の2府13県を選んだ根拠はなく、任意のものであったと述べている（伊豆川、1942：115（1973a：411））。

9 ちなみに、1941年の愛知県の「農業者ノ鶏飼養羽数」は、6,222,216羽で、総数（39,591,617羽、植民地を含まず）の16%（小数点以下四捨五入）を占め、二位の千葉県の1,722,701羽を大きく引き離して、道府県第一位である（農林大臣官房統計課、1942：367）。

10 1939年の段階で、日本水産株式会社（東洋捕鯨の後身）と林兼商店が、和歌山県に「根拠地」を有している（農林省水産局編、1939：5-6）。

11 「五十年前」には、契機となるような出来事は起こっていないが、「十年程前」は、「満州事変」以後、日本が起こした戦争が契機となった可能性もある。

12 当地で捕れたものを利用するとの回答のあった集落は、地図で19（京都2、和歌山3、三重3、静岡3、石川5、富山3）、表で14（京都2、三重2、静岡3、石川3、富山2、新潟2）あった。表の集落のうち、捕獲方法が記してあったのが以下の5集落で、それらは、鰤網に入る（富山・新湊）、大敷網で捕る（三重・九鬼及び島津）、流れ鯨・寄り鯨を利用する（した）（三重・島津、静岡・千浜、新潟・外海府）、というものであった。なお、新潟の2カ所は、いずれも佐渡にある。また、地図において6カ所回答があった、能登半島先端から有磯海にかけての地域は、台網（定置網のこと）による捕鯨が行われていたことが知られており（福本、1978（1993）：41-42、52-54；北村、1838（1995：132-134、

第 4 章　近代日本における鯨肉食の普及過程　141

170-181))、そしてこの地域にあり、当地で捕れたものを利用するとの回答があった。石川県の宇出津（表では「宇出」と書かれているが、誤記と判断した）と小木には、ノルウェー式捕鯨導入後（年度不明）に、捕鯨会社による事業場が置かれていた（東洋捕鯨株式会社編、1910：20、及び第2章）。

13　実際のところ、赤肉の利用は10年前以降の時期より、と回答している集落が、京都では3カ所（油肉はそれぞれ「五十年前」、「明治以前」、「随分以前」より、と回答）あり、また、「赤肉は極く最近になつて食べだした」、「昔は生肉は村へ入らなかつた」と回答している集落が、大阪にはある（集落に入った時期については、前者は「古くから食べてゐる」、後者は「約五十年前より」と回答）。なお、大阪・京都で31～50年前と答えた集落のすべてが、赤肉を利用している。

14　ちなみに、「食べる」割合の低い府県五つには、「赤肉のみ」、「缶詰のみ」の集落がそれぞれ12、2ある。そのうち、ノルウェー式捕鯨導入より前（50年前より前）に鯨肉が入った集落は、「赤肉のみ」で2、「缶詰のみ」が0であり、不明のものは、「赤肉のみ」で3、「缶詰のみ」が0となっている。それから、「海なし県」には、「赤肉のみ」、「缶詰のみ」の集落がそれぞれ13、19ある。そのうち、ノルウェー式捕鯨導入より前に鯨肉が入った集落は、「赤肉のみ」で1、「缶詰のみ」が0であり、不明のものは、「赤肉のみ」で2、「缶詰のみ」で12ある。

15　伊豆川の表においても、大晦日（年越し）に食べていた（いる）というものが3例（京都1、新潟2）ある。

16　山梨の南湖において、「多くはいるかの如く味噌煮として食し〈以下略〉」と報告されているように、イルカを食することは伊豆半島に限られていたわけではなく、その肉は伊豆半島周辺部に流通していたようである。また、中村羊一郎も、『静岡県水産誌』（1894年）と『日本水産捕採誌』（発行年明示されず）を引用して、イルカの肉は、相模・甲州・信州、さらにイルカの身を干して作るタレは、尾張・三河・美濃地方にまで流通していたと報告している（中村、1988：126-128）。しかし、捕鯨業のような規模でイルカ漁が行われていたわけではなく、伊豆半島でイルカ追い込み漁が最も盛んだったのは第二次世界大戦中から1965-75年くらいまでであったとされているので（中村、1988：104-117；静岡県教育委員会編、1986：44-45、105-127、168-169；1987：69-97、182-

4. 小括

183)、この時期以前には、伊豆半島周辺部以外では、イルカの肉を日常的に食してはいなかったと考えられる。

17 網捕り式捕鯨が行われていた土佐（高知県）では、鯨組において捕獲活動に従事していた人々は、捕鯨の行われない夏季にはカツオ漁を行っていた。そこにおいては、クジラに付いてくるカツオ漁の餌となるイワシ、そしてそのようなイワシに付いてくるカツオを「鯨子」と呼んでいた（吉岡、1938：52-53（1973b：476-477））。すなわち、土佐の鯨組の人々は、カツオ漁においては生きているクジラに恩恵を受けていた一方で、クジラそのものを捕獲し利用することも行っていたことになる。

第5章
「乱獲の論理」を探る
―捕鯨関係者の言説分析―

1. はじめに

　近現代の捕鯨、とりわけ第二次世界大戦後の捕鯨が乱獲となっていたということについては、捕鯨関係者も含めて（例えば、長崎、1990a：19-20）異論はないように思われる。ではなぜ、そのような乱獲という事態になってしまったのだろうか。この点に関しては、近代における保護をめぐる制度的側面、そしてその論理を、第3章であきらかにした。そこで本章では、これに加えて、実際に捕鯨を行う側が考えていたこと、言うなれば「乱獲の論理」を探ることを課題とする。

　以下本章では、本書ではこれまで述べていなかった、第二次世界大戦後から南極海でのBWU制が廃止された1972年までの、日本の捕鯨業の展開についてまず概説する。続いて、近現代を中心とした捕鯨関係者の言説を取り上げることで、「乱獲の論理」に迫ることにしたい。

　その前に、ここで用いる「言説分析」という方法について、若干述べておきたい。私の理解では、M・フーコーが『知の考古学』（Foucault, 1969＝1995）で示した方法というのは、以下のようなものであったと考えられる。すなわち、ある対象について語られたもの、ある対象を表象したものという意味での言表の、そのいくつかが編制されたもの、つま

1. はじめに

り言表の総体を言説とする。そして、その言説を分析することは、言表を形成し編制した規則を、対象を支配する体制を明確化していくことである。フーコーが「考古学」と呼んだこの方法は、いわゆる思想史が対象についての語りを首尾一貫したもの、統一的なものとして置こうとする、たとえるなら一本の川の流れに還元して描こうとするのに対して、言説内の多様性を縮減せず、その矛盾を解決しないかたちで、すなわち言説を差異が差異のまま空間に配置されているものとし、そしてその配置を決定するものをあきらかにしていくのである。

しかしながら今日では、一口に「言説分析」といっても、それはこのフーコーの方法のみならず、いわゆるテクスト分析、エスノメソドロジーのような会話分析、マスメディアの報道の内容分析等々の、様々なバリエーションが存在している。赤川学は、これら「言説分析」では、対象について語る内容以上に、語る主体の社会的ポジションが重視され、語る主体の隠された利害関心や、言説の政治的効果が問われる傾向にあると指摘している（赤川、2001：65、77）。そして本章で（あるいは、本書全体で）言う言説分析も、この指摘のように、クジラを捕るということあるいはクジラそのものを対象としての、いわゆる表象の政治性を問題にしていくものであって、フーコーの方法に厳密に従うものではない。

とはいえ本章では、一定の長い期間の中で、クジラを捕るということを対象とした言表のいくつかを取り出し分析することで、これらを形成し編制した、一つのあるいは複数の支配的な決まりごとのようなものをあきらかにすることは試みられている。そしてその際には、言表の「稀薄性」の分析、つまり言表の乏しさの法則を探り、言表の乏しさの程度をはかること、換言すれば、ある言表は出現しある言表は出現しないのはなぜなのか、ということを分析することも（赤川、2001：77-81；Foucault, 1969=1995：181-185）なされていくことになるだろう。

2. 第二次世界大戦後の日本捕鯨業の展開

ではまず、南極海は原剛 (原、1993)、沿岸は近藤勲 (近藤、2001) の記述を中心に、適宜資料を参照することによって、第二次世界大戦後から1972年までの、日本の捕鯨業の展開について概説しよう (**表 5-1** も同時に見てほしい)。

最初に、南極海での展開を見ていく。ＧＨＱ (連合軍総司令部) は、1946年8月6日に、日本海軍を再生させ、またクジラを乱獲するおそれがあるという一部同盟国の反対を押し切って、日本船団の南極海への出漁を正式に許可した。その結果、油漕船を急遽改造した母船と、残存した捕鯨船を用いた (前田・寺岡、1952：38-39)、日本水産・大洋漁業 (第二次世界大戦後の捕鯨会社の変遷については、**表 5-2** を参照) の2船団が、南極海へと向かうこととなった。その後、1951／52年漁期からは、日本水産は戦争中沈没した捕鯨母船「第三図南丸」を引き上げ修理したものを、新たに捕鯨母船「図南丸」として用いることにし、さらには極洋捕鯨が、マッコウクジラのみを捕獲する船団を送ることになった (前田・寺岡、1952：39-42)。

なお、1946年12月に、国際捕鯨取締条約が15カ国の間で締結され、1948年にこの条約を運用・推進するために、ＩＷＣ (国際捕鯨委員会) が設置されている。そして、1949年5〜6月ロンドンで (前田・寺岡、1952：251；重田、1963：15)、ＩＷＣの最初の総会が開かれ、そこで南極海での総捕獲枠が16,000頭ＢＷＵと定められた (原、1993：86)。ＢＷＵとは Blue Whale Unit の略で、シロナガス1頭＝ナガス2頭＝ザトウ2.5頭＝イワシ6頭と換算するものである。これにもとづく当時の方式を概略して述べれば、捕獲開始日より漁期中、各船団は捕獲高をシロナガスに換算してノルウェーにある国際捕鯨統計局まで通報、そして全船団の合計が16,000頭ＢＷＵになったところで同捕鯨局より停止の指令が

2. 第二次世界大戦後の日本捕鯨業の展開

表5-1　日本に関する事柄を中心とする捕鯨問題の経緯

古代〜　寄り鯨・流れ鯨の利用。
中世〜　突取式（モリで突く）によるクジラの捕獲。
17世紀後半　鯨組による網捕り式捕鯨（クジラを追い込み網にからめて捕獲し処理する）の開始。
19世紀前半〜　アメリカ合州国の帆船捕鯨船による「ジャパングランド」の発見。日本近海にアメリカ式捕鯨船団来航。
19世紀後半　アメリカ式捕鯨（大型帆船を中心とし、小船が捕鯨銃等を用いてクジラを追う）導入の試み。
1878年　「大背美流れ」、太地の鯨組の崩壊。
1897年　遠洋捕鯨株式会社・長崎捕鯨株式会社の設立。ノルウェー式捕鯨（爆薬を装填したモリを打ち込む捕鯨砲を汽船の先端に装置し、それによってクジラを捕獲する）の導入。
1904年　日露戦争。日本の捕鯨会社、朝鮮半島沿岸における捕鯨業を独占。
1911年　東洋捕鯨株式会社鮫事業場焼き打ち事件。
1934年　日本捕鯨株式会社、南極海での母船式捕鯨を行う。日本の捕鯨会社で初めて。
1937年　国際捕鯨協定締結。セミクジラとコククジラの捕獲禁止を盛り込む。
1941年　この年次を最後に日本の母船式捕鯨中止、捕鯨母船は徴用される。
1946年　日本の南極海での捕鯨の再開。国際捕鯨取締条約、15カ国の参加で締結。
1949年　国際捕鯨委員会（IWC、1948年に設置）の最初の総会。南極海での総捕獲枠16,000頭BWU（Blue Whale Unit：シロナガス1頭＝ナガス2頭＝ザトウ2.5頭＝イワシ6頭と換算するもの）。
1951年　日本、IWCに加盟。
1962年　1962／63年漁期より捕獲枠の国別割当実行。1963年の科学者（いわゆる三人委員会）による勧告以降、1963／64年漁期より捕獲枠10,000頭BWUに。
1966年　ザトウクジラ、シロナガスクジラ、捕獲禁止となる。
1967年　1967／68年漁期より、日本、南極海でミンククジラの試験操業。
1972年　アメリカ合州国、国連人間環境会議に「商業捕鯨の十年間全面中止勧告」を提案、可決。IWC、勧告拒否。しかし、1972／73年漁期から、BWU制を廃止して鯨種別規制を行うことに。
1976年　ナガスクジラ捕獲禁止に。
1979年　アメリカ合州国でパックウッド・マグナソン法（国際捕鯨取締条約の規制の効果を減殺した国に対して、アメリカ200カイリ内の漁獲割当を、初年度は50％、2年目からゼロにするというもの。以下PM法と略）成立。イワシクジラ捕獲禁止に。
1982年　IWC、「沿岸捕鯨は1986年、母船式捕鯨は1985／86年漁期から商業目的の捕鯨はゼロにする」と決議。日本、異義申し立て。
1984年　日米捕鯨協議。日本、異義申し立てを取り下げ、1988年（1987／88年漁期）から商業捕鯨を中止する。そのかわり、アメリカ合州国は日本が二年間に限り商業捕鯨を続けることを認め、PM法などの制裁は行わない。
1986年　日本、小型沿岸捕鯨は原住民生存捕鯨のカテゴリーに含まれる捕鯨であると主張し、捕獲枠を要求。

出される、というシステムであった（原、1993：95-96；前田・寺岡、1952：74-75）。この「捕鯨オリンピック」と呼ばれたやり方は、捕獲し解体する労力を考えれば大型の鯨種を捕獲した方がより効率がよくなることとなり、結果、より大型の鯨種から順番に捕獲圧が集中してかかることになること、あるいは生態の異なる鯨種を量という同一の尺度の上において管理しようとしたことなど、現在（に生きる筆者（渡邊））から見てあきらかに問題があるものである。結局のところこれを採用したこ

表5-1　日本に関する事柄を中心とする捕鯨問題の経緯（続き）

1987年　日本、調査捕鯨の計画をIWCに提出。IWC、調査捕鯨の中止を勧告。
1988年　日本、1987年末より南極海において調査捕鯨を実行、アメリカ合州国、PM法を発動。
1992年　アイスランドIWC脱退、ノルウェー1993年から商業捕鯨の再開を宣言。
1994年　IWC、南極海における商業捕鯨禁止を旨とする、サンクチュアリー決議を可決。
1997年　アイルランド、RMS完成後に沿岸での捕鯨を認めるとともに、公海での捕鯨禁止、調査捕鯨の禁止、鯨肉の国際取引の禁止などを盛り込んだ妥協案を提案。
2002年　アイスランドの、商業捕鯨モラトリアムに留保を付したままのIWC再加盟が認められる。

これまでの本書での議論に加え、A-Team, 1992、『鯨の教訓』日本能率協会マネジメントセンター；馬場駒雄、1942、『捕鯨』天然社；藤島法仁・松田恵明、1998、「IWCによる鯨類資源管理の多様性への対応に関する一考察」『地域漁業研究』39-1：111-124；福本和夫、1978（改装版1993）、『日本捕鯨史話』法政大学出版局；原剛、1993、『ザ・クジラ〔第五版〕』文真堂；前田敬治郎・寺岡義郎、1952、『捕鯨』日本捕鯨協会；森田秀雄、1963a、「日本捕鯨業の再編成は必至か」『水産界』941：30-37；日本哺乳類学会編、1997、『レッドデータ　日本の哺乳類』文一総合出版；桜本和美・加藤秀弘・田中昌一編、1991、『鯨類資源の研究と管理』恒星社厚生閣；重田芳二、1963、「世界の捕鯨制度史及びその背景（八）」『鯨研通信』137：12-22、「鯨類の捕獲等を巡る内外の情勢　平成15年7月」：http://www.jfa.maff.go.jp/whale/document/brief_explanation_of_whaling_jp.htm（2004年11月3日閲覧）；「国際捕鯨委員会（IWC）特別会合の結果について」：http://www.jfa.maff.go.jp/release/14.10.15.4.htm（2004年10月15日閲覧）、及び『鯨研通信』の記事を参照して筆者（渡邊）作成。

とが、南極海での大型のクジラの極端な減少につながったことは間違いないと考えられるのである。

　ところで、上述したような日本に対する早急な捕鯨再開許可は、戦後の食糧難を解決するためであった。図5-1は、肉類の「国民」一人一年あたり純食料供給量の推移をグラフにしたものである。これを見ても、肉類全体に占める鯨肉の割合は、戦前の1930年代ですらほぼ10％台であったものが、敗戦から2年後の1947年には、46％という高い数字となっている。しかしながら、1950年代に入ると、その割合は30％前後で推移していくことになる。これは、鯨肉の生産が増加したということもあるが、それよりも、ウシ・ブタ・ニワトリなどの家畜の肉の生産あるいは供給が戦争の影響によって大きく減少したために、肉類全体に占める鯨肉の割合が急上昇したが、その後家畜の肉の生産あるいは供給が回復していくにつれて、その割合が下がっていったものと考えられる。

　とりわけ戦争による影響が大きかったのが、ブタとニワトリである。特にブタは、1946年の飼養頭数が88,082頭と、戦前のそのピークである

148　2. 第二次世界大戦後の日本捕鯨業の展開

表 5-2　近現代日本におけるノルウェー式捕鯨・母船式捕鯨会社の変遷（1945-1972年）

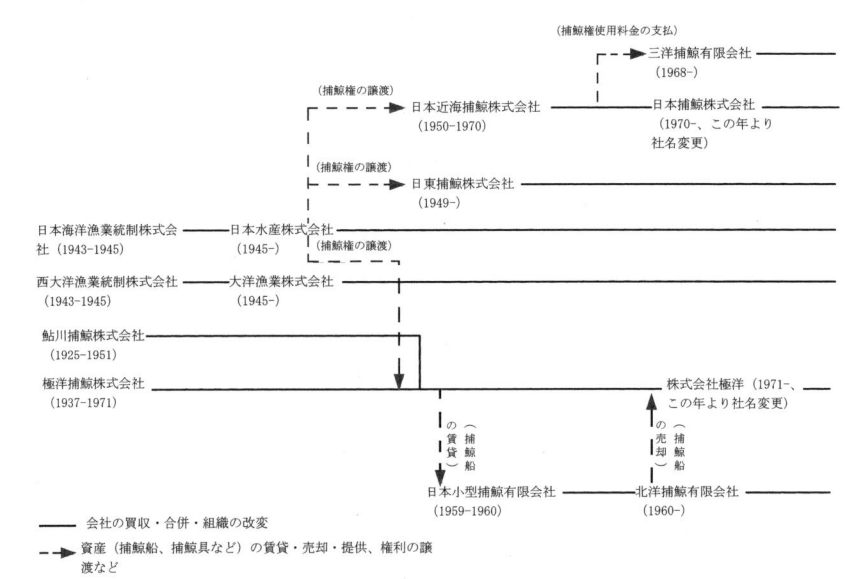

```
                                                    (捕鯨権使用料金の支払)
                                                  ┌─────────────→ 三洋捕鯨有限会社 ────
                                                  ┊                (1968-)
                            (捕鯨権の譲渡)          ┊
                    ┌────────────→ 日本近海捕鯨株式会社 ─────────── 日本捕鯨株式会社 ────
                    ┊                (1950-1970)                    (1970-、この年より
                    ┊                                                 社名変更)
                    ┊   (捕鯨権の譲渡)
                    ┊ ┌──────────→ 日東捕鯨株式会社 ──────────────────────────────
                    ┊ ┊              (1949-)
  日本海洋漁業統制株式会 ── 日本水産株式会社 ─────────────────────────────────────
  社 (1943-1945)        (1945-) (捕鯨権の譲渡)
  西大洋漁業統制株式会社 ── 大洋漁業株式会社 ─────────────────────────────────────
  (1943-1945)            (1945-)          ┊
  鮎川捕鯨株式会社 ─────────────────────────┊
  (1925-1951)                              ↓
  極洋捕鯨株式会社 ─────────────────────────────────────── 株式会社極洋 ──────
  (1937-1971)                                                (1971-、
                                                              この年より社名変更)
                                              ┊の（        ↑
                                              ┊賃捕        ┊の（
                                              ┊貸鯨        ┊売捕
                                              ┊）船        ┊却鯨
                                              ↓            ┊）船
                                        日本小型捕鯨有限会社 ── 北洋捕鯨有限会社 ────
                                           (1959-1960)         (1960-)

  ──── 会社の買収・合併・組織の改変
  ---- 資産（捕鯨船、捕鯨具など）の賃貸・売却・提供、権利の譲
       渡など
```

出典：近藤勲、2001、『日本沿岸捕鯨の興亡』山洋社：326-328、336-339、342-345、420-421；極洋捕鯨30年史編集委員会、1968、『極洋捕鯨30年史』：214-232；前田敬治郎・寺岡義郎、1952、『捕鯨』日本捕鯨協会：96-97；日本経済新聞社、1983、『会社総鑑《未上場会社版》』：29；『水産界』1033。

1,140,479頭（1938年）の10分の1以下にまで落ち込み、それが戦前のピーク以上にまで回復したのは1956年のことであった（農政調査委員会編、1977：256-257、622）[1]。これは、ブタやニワトリがいわゆる濃厚飼料（穀類、油粕など）によって育成され、そしてそれを当時は、「満州国」からのトウモロコシや大豆粕などのいわゆる「内地」への「輸入」に依存していたが、その「輸入」が不可能になっていったことが原因と考えられる（飼料配給株式会社調査課編、1943：15、129-134、170-176；松尾、1964：178-185、226-227）。一方いわゆる粗飼料（牧草、藁など）で育成可能な、ウシの飼養頭数は、1945年前後の時期においても、200万〜250万頭ほどの間を上下する横ばいの状態であった。しかし牛肉の「国民」一人一年あたり純食料供給量は、1930〜1939年度には0.7〜0.9

第5章 「乱獲の論理」を探る　149

図5-1　肉類の「国民」一人一年あたり純食料供給量

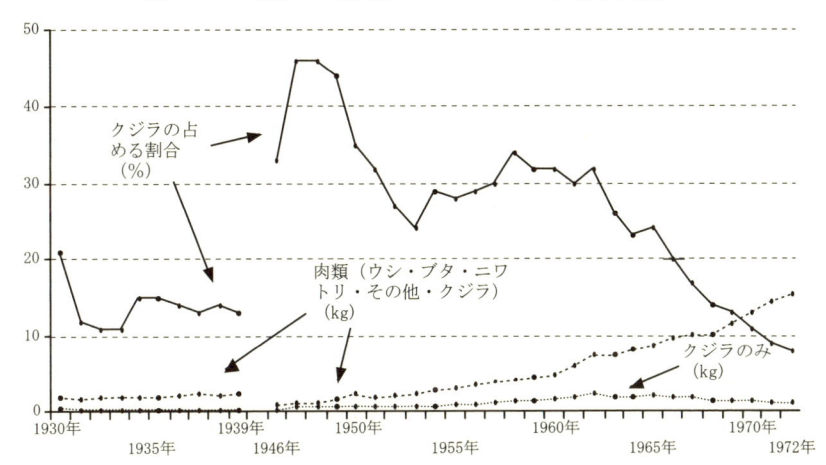

[グラフ：1930年から1972年にかけての肉類（ウシ・ブタ・ニワトリ・その他・クジラ）（kg）、クジラのみ（kg）、およびクジラの占める割合（%）の推移を示す折れ線グラフ]

注1：クジラの占める割合については、小数点以下二桁を四捨五入した。
注2：この図は農政調査委員会編記載のデータによって作成されている。長崎福三（長崎、1984）にも同様のデータがあるが、肉類全体の1965年から1972年の数字、クジラのみの1970年の数字に相違がある。そして、クジラの占める割合についての長崎の計算には、いくつもの誤りがある。よって、長崎に記載されているデータの方は用いなかった。
注3：「国民」という言葉が何をさしているかは、ここで用いた資料では不明確なままである。統計的な意味での「国民」には、第二次世界大戦以前には植民地の人々を含まないと思われ、第二次世界大戦後においては、沖縄の人々は1972年まで、奄美諸島の人々は1953年まで含まれていないと思われる（農政調査委員会編、1977：iii）。同様に、小笠原諸島の人々も第二次世界大戦後から1968年まで、統計的な意味での「国民」に含まれていないと推測され、また沖縄・奄美諸島・小笠原諸島の人々が、第二次世界大戦以前に統計的な意味での「国民」に含まれていない可能性もある。

出典：長崎福三、1984、「日本の沿岸捕鯨」『鯨研通信』355：82；農政調査委員会編、1977、『改訂日本農業基礎統計』農林統計協会：iii、346-347。

kgの間で一定していたものが、1946年度には0.4kgまで落ち込んでいる（農政調査委員会編、1977：256-259、346-347、622）。この原因は不明確なのだが、1920年代はじめより、牛肉の「内地」における消費量の約15～30％を占めていた輸入牛肉が（飼料配給株式会社調査課編、1943：270-283）、戦争の影響で供給されなくなったであろうこと、あるいは所得の低下のために畜産物への需要が一時的に減退したこと（松尾、1964：226-227）などが推測され得る。ともあれ鯨肉に話を戻せば、実際のところ鯨肉はあくまでも魚や牛肉、豚肉を補うというものに過ぎず、事実、1950、1951年には鯨肉の売れ行き不振という現象が生じ、学校給食などに安く提供されることになったのである。

2. 第二次世界大戦後の日本捕鯨業の展開

　日本は1951年に、国際捕鯨取締条約に加盟する。そして1955年には、大洋漁業の日新丸が6カ国19船団中トップの成績をあげるまでになる。しかし、南極海の荒廃はあきらかとなっていったため、IWCは捕獲枠を、1953／54年漁期15,500頭BWU、1955／56年漁期15,000頭BWU、そして1956／57年漁期14,500頭BWU（全出漁国異議申立により15,000頭BWUに）といったように、断続的に減少させる（川嶋・加藤編、1991）。しかし、捕獲枠が減少してしまうと経営が成り立たなくなり、またそのことゆえに、「捕鯨オリンピック」をやめて国別割当にしようとする際の各国の駆け引きが生ずることとなったので、捕鯨国内部での話し合いもまとまらなくなる。その結果、1959／60年漁期から1961／62年漁期の間は、各国が捕獲目標をBWUで「自主宣言」して操業するという事態となった（川嶋・加藤編、1991）。日本は、1956年には5船団（このうちの母船一つは極洋捕鯨がパナマから購入したもの）、1957年には大洋漁業が南アフリカから母船を購入し6船団となる。さらに1960年には、極洋捕鯨がイギリスの母船を買収したため、日本の船団数は7となった。そして1960／61年漁期には、5,980頭BWUを「自主宣言」した（川嶋・加藤編、1991）。

　このころになって、IWCはようやく本格的な調査を行うことになり、後に「三人委員会」とよばれる科学者たちがそれを引き受けることになった。1960年に設置された「三人委員会」は（大村、1963：24-26）、1963年に（森田、1963b：30-31）IWCの科学委員会へ、（1）1956年当時の水準にまで回復させるにはむこう8年の間捕鯨を全面禁止する必要がある、（2）現状維持のためには、毎年の捕獲頭数を、当分の間現行の15,000頭BWUの4分の1以下に抑えるべきである、と勧告した（原、1993：111-112）。この勧告の前後から、IWCは保護へと傾斜し始め、まず1962／63年漁期から国別割当（日本33％、ノルウェー32％、ソ連20％、イギリス9％、オランダ6％。日本はノルウェー・イギリスの母船をそれぞれ

一つずつ購入したため、その枠それぞれ4％が加わり41％に）を実施する（川嶋・加藤編、1991；森田、1963a：30-31）。そして「三人委員会」の勧告以降、1963／64年漁期10,000頭ＢＷＵ、1964／65年漁期8,000頭ＢＷＵ（ただし出漁国間での協議の結果）、1965／66年漁期4,500頭ＢＷＵと、一気に捕獲枠を減少させ、さらに1963／64年漁期からザトウクジラ、1964／65年漁期からシロナガスクジラの南極海での捕獲を禁止にする（川嶋・加藤編、1991）。このようなＩＷＣの動きに対して、日本は、採算がとれなくなったため捕鯨から撤退した各国の母船を、その捕獲枠を得るために次々と購入していくことになる。しかし、1965／66年漁期には船団を五つに減らさざるを得ず（大洋漁業1、極洋捕鯨1の減船（森田、1965：20-21））、この漁期の日本の捕獲枠は2,340頭ＢＷＵ、これは、日本の南極海母船式捕鯨の最盛期である、1961／62年漁期の捕獲6,574.13頭ＢＷＵの約36％に過ぎない（川嶋・加藤編、1991）。すなわち日本は、南極海が荒廃し、捕獲枠の減少が避けられないのにも関わらず、なおも拡張主義的路線をとったが、それは破綻していくことになったのであった。

　ＩＷＣ内部での、捕鯨国と、よりいっそうの保護を求める非捕鯨国の対立は、決定的になっていく。しかし現実には、1964／65年漁期からイワシクジラが主として捕獲されるようになるとともに（川嶋・加藤編、1991）、日本は1967／68年漁期から、これまでほとんど捕獲していなかった（川嶋・加藤編、1991）ミンククジラの試験操業を始める。1971／72年漁期には、捕獲枠は2,300頭ＢＷＵ、これを、ノルウェーの枠50頭ＢＷＵを残して、船団数に応じて日本とソ連で均等配分（日本1,346頭ＢＷＵ、ソ連904頭ＢＷＵ）することになった（川嶋・加藤編、1991）。この年（1972年）アメリカ合州国は、ストックホルムで開かれた国連人間環境会議に、「商業捕鯨の十年間全面中止勧告」を提案し、それは可決される。ＩＷＣはこの勧告を拒否したが、1972／73年漁期よりＢＷＵ制を廃

止、鯨種別規制がなされるようになった（川嶋・加藤編、1991）。

次に、沿岸での展開を見ていく。第二次世界大戦終了直後、沿岸の捕鯨船は、日本水産19隻、大洋漁業5隻、極洋捕鯨1隻という配分であった。しかし、1947年に公布された過度経済力集中排除法が日本水産に適用され、1948年に日本水産は、極洋捕鯨に3隻分の捕鯨権を譲渡した。さらに同法により、日本水産から捕鯨権の譲渡を受けることで、日東捕鯨株式会社が1949年（1隻分）に、日本近海捕鯨株式会社が1950年（2隻分）に設立された[2]。また、戦前は自由漁業であった小型捕鯨業は、戦後の食糧増産という流れの中で起業者が続出したために、取り締まりが必要となり、1947年より農林大臣の許可制となった（前田・寺岡、1952：117）[3]。

1950年頃より、北海道の道東沖が沿岸捕鯨の主要な漁場となっていき、そこへ各社の捕鯨船が集中するようになる。水産庁はマッコウクジラの捕獲枠を、1956年に2,400頭に設定し、さらに1959年に2,100頭、1962年に1,800頭と（渡瀬、1965：40）、母船式北洋捕鯨が増枠するのにしたがって減少させた。形式的には、このマッコウクジラの捕獲枠の中で、「捕鯨オリンピック」を行うことになっていたのだが、実際は捕鯨船1隻あたりの公表捕獲数の目安を、捕鯨会社5社の会議によって決めていた。そして、1963年に、廃業トン数を補充することで捕鯨船の大型化を認めるという捕鯨船の規制方針に則り、日本水産は許可隻数を3隻減らし8隻とした（渡瀬、1965：41）。さらに水産庁は、極洋捕鯨が1965年に、南極海での船団を一つ減らすだけでなく、赤字であるサウス・ジョージア島での基地捕鯨の中止[4]、及び同様に赤字である沿岸捕鯨の捕鯨権5隻をすべて放棄するかわりに、1965年から当分の間、母船式北洋捕鯨において、極洋捕鯨に200頭BWUの捕獲枠の増枠をするという措置をとった（森田、1965：25-26）。このようにこの時期あたりから、捕鯨会社のうちの大企業は、沿岸捕鯨の規模を縮小していくことを迫られること

になっていったのである。

　一方小型捕鯨業は、1952年4月現在全国で75隻の許可船があったとされるが（前田・寺岡、1952：118）、過当競争により経営不振となっていた。そこで水産庁は、1957年に小型捕鯨の許可隻数を25隻程度以内にする方針を決めた。さらに、大型捕鯨業の許可船舶の増トンは、大型捕鯨業または小型捕鯨業の廃業トン数を限度として認めることや、小型捕鯨業者がその許可にかかる小型捕鯨業を廃業して、新たに共同経営による操業を行うことを条件に、小型捕鯨業者の、マッコウクジラを対象とする母船式北洋捕鯨への参加を認める方針も決めた（「迷動した捕鯨業界」、1957：22-25）。そこで1957年に、小型捕鯨業者は375トン（このトンの単位の定義は不明（近藤、2001：336-337））の捕鯨権を集約し組合を作り、同年は捕鯨船のチャーターによって船団に参加した。そして、この組合組織は、1959年に日本小型捕鯨有限会社となった。

　1970年代はじめになると、北海道道東沖のマッコウクジラの減少が著しくなり、その後は金華山沖に集中して操業がなされるようになる。なお、沿岸捕鯨4社の要望によって、1967年よりマッコウクジラの捕獲頭数制限は撤廃されるが、アメリカ合州国・日本・カナダ・ソ連の4カ国の合意によって、1969年より北太平洋における母船式捕鯨及び基地捕鯨は、捕獲頭数枠を設定することになったので、マッコウクジラは再び捕獲頭数制限がなされることになる。また、1965年を最後に、北太平洋でのシロナガスクジラとザトウクジラの捕獲が禁止された（日本哺乳類学会編、1997：175-176、178）。さらに、1968年には、小型捕鯨船を減船して沿岸の大型捕鯨業に転換することが認可され、この結果、三洋捕鯨有限会社が設立された。以上の展開を見てあきらかなように、沿岸での捕鯨の衰退は著しいものとなる。大型捕鯨の1972年度の操業隻数は、日本水産3、大洋漁業3、日東捕鯨3、日本捕鯨株式会社（日本近海捕鯨株式会社が1970年に社名変更）2、三洋捕鯨1の合計12隻となり、また

1968年以降、小型沿岸捕鯨船の公示隻数は、10隻となった（長崎、1984：80）。

　概説すれば、第二次世界大戦後から1972年までの日本の捕鯨業は、以上のように展開した。近代における日本捕鯨業の展開過程については、第1章で時期区分を設定した。同様のことを、第二次世界大戦後のそれについても行うことが求められると考えられるが、この間には、南極海・北洋・沿岸と日本の捕鯨業が操業し、またその形態も、母船式・大型捕鯨・小型捕鯨に分けられるので（第1章）、日本捕鯨業全体の展開というかたちでの時期区分を行うことはやや困難である。あえてそれを行うとすれば、第二次世界大戦による混乱が終息に向かいつつあり、国際的な枠組みがようやくできつつあった、1945年から日本がＩＷＣに加盟した1951年までがまずあり、続いて、クジラの乱獲に拍車がかかった1952年から1965年まで、そして最後に、乱獲に歯止めが生じ始めた1966年から1972年まで、というように分けることができるのではないか、と考えられる。

3. 第二次世界大戦以前の捕鯨関係者の言説

3.1　豊秋亭里遊の「捕鯨観」

　では次に、これまで述べてきた近代における日本捕鯨業の展開、及び本章第2節であきらかにした第二次世界大戦後の日本捕鯨業の展開をふまえつつ、捕鯨関係者の語りを見ていくことにしたい。この節では、それらのうち、とりわけ近代における捕鯨関係者の言説を分析していくことにしたいが、その前に、網捕り式捕鯨を行っていた人々は、クジラを捕るということに対して、いったいどのような考えをもっていたのかということについてふれておきたい。この点についてうかがうことができる資料はほとんどないのだが、そのことが比較的はっきりとあらわれて

第5章 「乱獲の論理」を探る 155

いるものが、まったくないというわけではない。それが、豊秋亭里遊が1840年に著した、『小川嶋鯨鯢合戦』(豊秋亭、1840 (1995)) である。

これは、当時の肥前唐津領呼子浦(佐賀県東松浦郡呼子町、2005年より佐賀県唐津市呼子町)で行われていた鯨組による捕鯨を描いた、図説混じりの本である。著者の豊秋亭里遊については、この著作の中に漢詩や短歌などがちりばめられていることより、当時の文人であると想像されるが、どのような人物であるかはあきらかになってはいない(田島、1995：386)。ただしこの著作が、鯨組の経営主からこの地の神社に奉納されたものと推測されることから、鯨組の経営主が奉納を目的として作成したものであるという蓋然性があるとされている(田島、1995：386、388)。ゆえにこの著作は、単なる見聞録ではなく、当時の捕鯨関係者の考え方が多少なりとも反映されているものと見なすこともできるのではないか、と考えられるものである。

さてこの著作の内容なのであるが、それは表題にもあるように、クジラを「敵」に見立て、それを捕獲する鯨組があたかも「敵」であるクジラに合戦を挑むかのような体裁をとった記述となっている。そして、ここで「敵」となっているのは、具体的に言うと、親子連れのセミクジラである。現在から見ればそれを捕獲することは問題があると考えられる親子連れのクジラが、鯨組にとって最もふさわしい捕獲対象であったことは、鯨組の宴の際に歌われる歌の歌詞からもわかることであり(例えば、木崎、1773 (1970：781-782)；吉岡、1938：41-44 (1973b：465-468))、またこの事実は、森田勝昭の先行研究によっても指摘されている(森田、1994：171-180)。

鯨組がクジラを捕らえ、それを解体するという一連の動きが描写されているという点では、この著作は、他の鯨組の捕鯨を描いた著作とそれほど相違があるわけではない。しかしこの著作には、上記した「敵」であるクジラと戦うかのような体裁の記述に加えて、クジラを捕獲するこ

とや「羽刺」（この著作では「波座士」と記述）の行為に対する、意識の面に関わると見なされる記述があることが最大の特徴となっている。それはとりわけ、この著作の最後の部分にはっきりと書かれている。

著者はここで、クジラがことのほか子供をかわいがること、そして、臨終の時に頭を西に向けて死ぬこと（現在から見れば、それが本当かどうかは疑わしいのだが）をあげ、このような情こまやかなクジラを殺すことを生業として生活することに何の悔悟の心をもたず、いたずらに金銭を浪費するとしたら何とも恐るべきことだ、と記す。その上で、以下のように記述するのである。

　　古人もその声を聞ては、其肉を喰ふにしのびずと言しに、其苦む声ハ谺に響き、西を向ひて死たるを不便〈憫のあやまりか〉とせず、納屋場に漕附、切捌と直に其肉を煎焼、鍬焼に舌打して食するハ不仁とや言んと、眉をひそめてこれを語れハ、傍より壱人進ミ出、答曰、高話至極せりといへとも、人に生死あり。万物皆然り。鯨の大なるも白魚の小なるも命にかはることなし。古へより鯨組といふこと諸国にあつて、〈中略〉此所にて捕さられ〈原文ママ〉バ、また外にて殺さるべし。死生命あり。白魚も釜中に煮るの時あり。是、皆時節なり。無益の殺生にあらされば少しも罪となるべきにあらず。身を捨てゝそ浮む瀬もありと、鯨も死して莫太〈原文ママ〉の金と成物。鯨の其肉ハ、数千人の口に入てその美味を歓、賞翫し、左ばかりの大魚皮肉一寸捨る所なく、数百人の世わたりを助け、国君へも大造の貢を献せさせしめ、近郷・近在・浦・嶋の子供、女に至る迄、其潤ひとなれるの功徳広太〈原文ママ〉なり（豊秋亭、1840（1995：361-362））。

すなわち、クジラの苦しむ声を聞いて不憫だとは思わず、解体した直

後にその肉を食すのはなんと慈しみのないことだとある人が（直前に述べたのに引き続いてか）言ったところ、これに対して、もう一人の人が、確かにおっしゃるとおりではあるのだが、クジラだろうがシラウオだろうが、命にはかわりがないのではないか、またここで捕獲されなくても、他の鯨組に捕獲されるであろうし、さらには、クジラは死ぬことによって莫大な金となるとともに、人々の口にはいることによって、藩主のみならず、近隣の人々の生活を助けているので、それを殺すことは無益な殺生ではなく罪ではないと述べた、としているのである。これに続けて著者は、捕鯨の終了の際には、「羽刺」なども参加して、寺院にてクジラの供養を営むことを記している。

　豊秋亭によるこの記述よりまずあきらかになることは、当時の人々の中に、クジラを殺して利用することが不憫であるとする意識があったということである。そして次にあきらかになることは、そのような意識のその表明に対しては、命あるものということではクジラとその他の生き物との間にはかわりがないとか、捕獲されたクジラはすべて利用され捨てるところがないなどといったような、今日捕鯨を擁護する際に提出されていると思われる考え方が、すでにこの時期に提出されているということである。だが、これらのようなある意味合理的な考え方をもってして「罪ではない」としても、「クジラを殺す」ということに対する後ろめたさからは逃れられたわけではなかった。そこで、クジラを丁重に供養するという儀礼が行われることとなったと解釈される。このような合理性へ回収されない意識のありようというのは、これからのクジラと人間とのかかわりを考察する際に注目すべきことではあると思われる。しかしながら、ただ問題なのは、このようなクジラに対する供養が行われていたとしても、それが乱獲を押し止めることにはならない、ということである。なぜなら、あきらかに乱獲となっていた近現代においても、捕鯨会社がクジラの供養を行ったり、砲手がクジラ供養のために寺院に

梵鐘を寄進したりすることなどがなされていたからである（例えば、奈須、1989：6）。もちろんこれらに参加したり、これらを行ったりする人々の思いというものは、様々であると考えられる。しかしその一方で、「クジラを殺すことに対する後ろめたさ→供養」という図式が、「供養を行っている→クジラをいくらでも殺してもよい」という図式へと反転してしまうことも、あり得るのではないかと考えられるのである。

3.2 岡十郎の「永久無尽説」

　それでは近代における捕鯨関係者の言説分析に入っていくことにしよう。まず最初に取り上げるのは、第１章・第２章においてすでに登場している、東洋捕鯨社長・岡十郎のそれである。

　これまでたびたび資料として用いている、東洋捕鯨株式会社編の『本邦の諾威式捕鯨誌』には、岡の談話というものが収録されている（東洋捕鯨株式会社編、1910：1-36）。これは1910年１月13日に、大阪・北浜にある「灘萬」（料亭）において、北浜銀行重役、大阪株式取引所理事、同定期及び現物仲買委員、そして東洋捕鯨の重役が会合をもった際に、なされたものであるとされている（東洋捕鯨株式会社編、1910：1）。つまり岡の談話は、捕鯨会社の合併直後（第１章を参照）に、銀行や証券の関係者を前にしてなされたものであり、よってそれは、そこでの発言が何を意図したものなのかということについて、やや慎重に吟味する必要があるものである。

　その談話で岡は、ノルウェー式捕鯨の捕獲活動と処理活動の実際、日本におけるノルウェー式捕鯨の導入過程、捕鯨会社合併の経緯について簡潔に述べた後、東洋捕鯨の組織とその営業成績をあきらかにしている。これに引き続いて、岡は、ある程度の紙面を割いて、「斯る大仕掛けの組織を以て」（東洋捕鯨株式会社編、1910：28）毎年捕鯨を行えば、クジラを絶滅させることになるのではないかという疑問に対し、「捕鯨家の

第5章 「乱獲の論理」を探る　159

見地よりして少しく専門的に」(東洋捕鯨株式会社編、1910：28) 回答しようとすることを行っている。

　ここで岡はまず、クジラだけでなく水産物一般の捕獲に対する将来の見込みについては、二つの学説があると述べる。そのうちの一つが「蕃殖絶滅説」(東洋捕鯨株式会社編、1910：28) で、これは、捕獲を繰り返すことにより、次第に体の小さいものまで捕っていくこととなり、このことは結局、繁殖機能を有する「母魚」(東洋捕鯨株式会社編、1910：29) までも捕り尽くしてしまうので、最終的に絶滅を招くことになってしまう、とするものである。もう一つが「永久無尽説」(東洋捕鯨株式会社編、1910：28) であり、これは、その水産物の食物となるものさえ生じているならば、たとえある漁場においてそこにこれまで生息していた「母魚」を捕獲し尽くしたとしても、他の場所より同一種が移動してくるために、その漁場は永久に存続する、とするものである (東洋捕鯨株式会社編、1910：28-29)。そして岡は、河川や湖沼などと違って海洋は広大であるから、食物の豊富な場所へ他の場所より移動するということはあきらかであること、また漁業の発達に伴って漁船の数が増え、一船あたりの捕獲高は減少したが、全体の捕獲高は増加するとも減少したことはない、とした上で、日本や朝鮮半島近海はアミやイカなどのクジラの食物が豊富であるから、捕鯨については「永久無尽説」を採用する、としているのである (東洋捕鯨株式会社編、1910：29-32)。

　こう述べる一方で、岡は、セミクジラの姿を見ることがなく、ザトウクジラやシロナガスクジラは年々捕獲数が減少していることを記している (東洋捕鯨株式会社編、1910：32-33)。このことに対して岡は、クジラといえども危険を感じる能力があり、捕鯨船によって追い回せば、その漁場から逃げていくものであるとしている。そして、セミクジラ・ザトウクジラ・シロナガスクジラがいなくなったということは、一見その漁場の廃滅を意味しているように見えるが、それはこれらのクジラが比較

的危険を敏感に感じ、漁場への入れ替わりがゆっくりとしたものであるからであり、潮流の関係によってその漁場でクジラの食物がなくなることがない限り悲観する必要はなく、現にナガスクジラやコククジラなどは漁場への入れ替わりが頻繁であり、その捕獲が減少したことがない、と述べるのである（東洋捕鯨株式会社編、1910：32-34）。

　このような岡の、クジラの減少に対する極めて楽観的な見方が語られたのは、銀行や証券の関係者に対して、自らが日本遠洋漁業をおこしてから10年ほどしか経っていないこの時期に、捕鯨がいかに成長可能な産業であるかを説き、それへの投資や支援を促す意図があったゆえのことであることは間違いない。また第3章で述べたように、産業としてクジラという野生生物を利用していくにあたっては、「蕃殖絶滅説」のような立場に立ってその捕獲を規制してしまうことは困難であり、よって必然的に「永久無尽説」をとらなければならなかったのではないだろうか、ということも考えられる。しかしこれらのこと以上に、岡自身が、「永久無尽説」を確信をもって語っていたという可能性も否定できないのである。

　ともあれ日本の近代捕鯨は、このような論理を内包して始まったのであった。ではその後、ノルウェー式の捕鯨業が当時の「日本」だけではなく南極海へと展開し、またクジラの減少という事態も顕著になり始めたとき、どのような語りがなされていったのであろうか。それを見ていくために、別の人物の記述を取り上げることにしよう。

3.3 馬場駒雄の「独占」論

　取り上げるのは、とりわけ第1章で母船式捕鯨の導入過程をあきらかにする際に資料として用いた、馬場駒雄の『捕鯨』（馬場、1942）という著作である。馬場の経歴については、この著作にはっきりと書かれていないが、日本捕鯨株式会社のあんたーくちつく丸による、日本の捕鯨

業の最初の南極海捕鯨を事業主任として引率し、さらにその後4年にわたって、南極海での母船式捕鯨に従事したようである（馬場、1942：序1、96）。このことより、当時の捕鯨会社の役員クラスの人物であると考えられる。

約300頁あるこの著作において、馬場は、この当時の捕鯨業全般にわたって比較的詳細に記しているのだが、その最終章（第七章）（馬場、1942：301-326）において、「鯨の保護捕獲制限の問題」（馬場、1942：301）を取り上げている。そこではまず、国内における規制が概説され、続いて、国際捕鯨協定（第1章を参照）について検討が加えられている。そして最後に、「捕鯨取締の意義」（馬場、1942：321）が述べられている。

その、「捕鯨取締の意義」の箇所で、馬場はまず、産業としての捕鯨業が隆盛となることによって生ずる弊害は、最も普通の場合、「濫獲に陥るもの」（馬場、1942：321）と、他の産業を妨害するものの二つであると述べている。前者の例としてあげられているのが、東洋捕鯨誕生前の状況である。馬場によれば、いくつもの捕鯨会社が相次いでおこったため生産過剰となり、生産物の価格が崩落するのに反し、競争と漁場の疲弊とによって生産費は増大し、よってその経営が困難となるとともに、回遊するクジラが著しく減ってしまうこととなった。そこで取締規則（「鯨漁取締規則」）が発布となり、それ以来安定した捕鯨業の存続を見ることになった、というのである。また、後者の例としてあげられているのが、ノルウェーにおける事例である。馬場によれば、19世紀末のノルウェーにおいて沿岸捕鯨が急速に発達した際、従来の重要産業であったタラ及びニシン漁業が、はなはだしく妨害を受けるという理由によって捕鯨に対して激しい反対運動を展開し、そのため政府は漸次捕鯨に制限を加え、ついに10年間沿岸捕鯨を禁止するに至った、というのである（馬場、1942：321-322）[5]。

しかしこれらの例は、一つの国の国内事情によるものであって、南極

海のような通常領土主権の及ばない公海の場合は事情が異なる、と馬場は続ける。そして、南極海での母船式捕鯨が発展していくにつれて、これをこのままに放置しておけばクジラの絶滅を招くことは過去の例が示すとおりであるので、速やかにその捕獲を制限し、クジラを保護すべしとの意見が台頭したのは当然であるとする。だが、「事業経営者は自己の専念する事業の隆盛を欲し、一国としては自国産業の殷賑を望むは自然の数であり、且つこれには多分に排他的な観念が伴ふのである」（馬場、1942：323）。したがって、「その結果が事業の滅亡を将来する虞れある時は、必要なる限度にその発展を制約して事業の永続を図るは望む所であると共に、その間なるべく自己を有利なる立場に置かんと欲するであらう」（馬場、1942：323）と述べる（馬場、1942：322-323）。

　ともあれ国際捕鯨協定ができたが、いまだ船数または生産量を制限するような徹底した国際協定は成立し得ない、とした上で、馬場はさらに、「制限論者」（馬場、1942：323）の論拠にも、経済的立場に立ってのものと、「主として生物学者を中心とする貴重動物保存の立場」（馬場、1942：324）のものの二つがあると記す。前者は、クジラの無制限な捕獲はその数を減少させることで生産費を増大させるとともに、生産過剰による市場の混乱を引き起こすので、適当な限度に捕獲を制限し、これによって事業の永続化を図るべきであるとするものだと、さらには、「貴重なる鯨資源の利用」（馬場、1942：323）が現段階ではまだ不十分であり、今後それが十分になされることが期待されるので、それまで「資源」を保護するべきであるとするものだとされている。後者は、クジラは現在地球上に生存する極めて少数の「前時代遺物」（馬場、1942：324）の中の一つであり、結局は滅びる運命にあるが、過去何十万年の年代を経て発達した極めて特異な生物学上再び得難き貴重な生き物であるにもかかわらず、地球上の「資源」全体から見ればわずかばかりの貢献でしかないのだがそれが人類の役に立つように用いられるために、そして極

めて少数の捕鯨業者の利益のために、「暴力を以てこれを殲滅するは人類の恥づべき横暴である」(馬場、1942：324)とするものだとされている(馬場、1942：323-324)。

またこのような、捕鯨に対する規制という意味での「鯨族殲滅論」(馬場、1942：324)に対して、一部業者などの「制限反対論者」(馬場、1942：324)あるいは「非制限論者」(馬場、1942：325)は以下のように答える、と馬場は述べる。すなわち、捕鯨経営には多額の資本と経費を必要とするがゆえに、収入が経費をうめあわせるのに足らなくなれば捕獲は自然に休止となり、しかもその境界線での捕獲の程度はクジラの滅亡の遥か手前である。いわんや南極海はクジラの索餌場・繁殖場であり、年々捕獲されるのはそのわずかな部分に過ぎず、大部分は残存して生殖を営むがゆえに、滅亡の如きは単なる杞憂に過ぎない、と。さらに極端な論者は、「仮に百歩を譲つて結局は滅亡の時来るとするも、独り鯨に限らず、人類が自己の便益のためにあらゆる天恵を利用するのはその本然の姿である、人智を尽して最高度にこれを利用するのは寧ろその本分である、須らく所在の天産物は出来得る限り取つて以て人類厚生の用に供すべきである」(馬場、1942：324-325)とし、有効なる用途が発見されるまで捕獲を中止せよという「制限論者」の一部にあるような論は、実際から遊離した空論で、一時の気休めに過ぎないと主張する、と指摘するのである(馬場、1942：324-325)。

とはいえ、「制限論者」も絶対禁止を主張しているわけではなく、「非制限論者」も適度な制限のもと事業の永続を図ることは望むところであるので、大勢は「制限論」が支配することで国際捕鯨会議はある程度成功した、と馬場は述べる。しかしながら、問題なのは国と国との利害の衝突である、と馬場は再び記す。とりわけ、捕鯨も行わずその生産物の市場すらない国が、他日捕鯨に関係するかもしれないという理由のみでもって国際捕鯨会議に出席し、なんら差し障りのないことをよいことに

「高遠なる空論によつて無責任なる制限論」(馬場、1942：325)をもち出したこと、あるいは一国の利益のために他国の犠牲を強要せんとするようなことは、国際会議という性質上やむを得ぬことではあるが、そのためにそれへの参加を忌避する国がでたり、非常に不徹底な決議に終わってしまうことになってしまうのははなはだ遺憾である、としている(馬場、1942：325)。

　ではこのような議論、あるいは国際捕鯨会議の状況を見て、馬場自身はどのように考えるのか。馬場は最終的には以下のように述べている。

　　我国としては他日世界の捕鯨業が若し鯨族減少のため採算不引合となることがあつたとして、その一線に於て我国企業のみが独り若干の余裕を残すことが出来得れば、国際捕鯨は日本の独占となり、かくて初めて最も合理的なる制限も可能となるのである。而してその実現は単なる夢にあらず、十分の可能性ありと確信するものであつて、その実現は実にわれ等捕鯨人に課せられたる重大なる責務である(馬場、1942：325-326)。

　以上、馬場の語りを詳しく見てきた。これよりまずあきらかとなるのは、クジラを保護するべきだとする議論が生じ始めていたが、この時点では、あくまでも学術上貴重であるからということと、経営を成り立たせることができるか否かという意味での経済上の問題として考えられており、それは第3章で述べたスナメリの例のような理由ではなく、当然のことながら生態系という概念にもとづいたものでもなかった、ということである。また、これに反対する論として、人間が自然をできる限り利用するのが当然の姿であり、そのためにはクジラの絶滅も厭わない、とするような極論も当時あったこともわかる。そして馬場自身は、これらの議論の中では、利益があがらなければ捕鯨はクジラが滅亡する前に

一定の水準で自然に休止となる、という立場であると思われる。このような立場を前提として、馬場は、自らの利益を最優先する国家間の対立はいかんともしがたいので、国家間の競争の中で日本が利益をあげ続けていけば、利益をあげることができない国は退いていき、最終的には捕鯨は日本の独占となり、そうなればあたかも東洋捕鯨誕生後の日本国内のようなかたちで、他国の利害に関係なく規制を行うことができる、と考えているのである。

　馬場の考えは、太平洋戦争開始直後という時代状況に沿うような、非常に自国中心主義的なものである。そして、利益があがらなければ捕鯨はクジラが滅亡する前に一定の水準で自然に休止となる、すなわち競争が進み数多くの国が捕鯨から退くことになっても、クジラ自体は絶滅するほど減少するわけではないとする立場もまた、非常に楽観的なものであった。ではこの馬場のような考え方、さらには岡のような考え方は、近代のみのものであり、第二次世界大戦が終わるとともに修正されたのであろうか。この点について考えるためにも、第二次世界大戦後の捕鯨関係者の言説を見ていく作業に移ることにしよう。

4．第二次世界大戦後の捕鯨関係者の言説－「語られない」ことの意味をめぐって－

　さてここでも、前節と同様なかたちで、第二次世界大戦後の捕鯨関係者の語りについて見ていくという方法をとることが求められると考えられる。しかしながら、第二次世界大戦後の水産関係の資料を見ても、前節で取り上げたような捕鯨についての論理、あるいはクジラが減少したことに対する反応をはっきりと展開したようなものは、ほとんど見いだすことができなかった。特に筆者（渡邊）は試みに、日本国内における代表的な水産関係の雑誌であると思われる大日本水産会発行の『水産界』の、1945年から1973年までのもの（745号～1068号）の中の、捕鯨関

係と考えられる記事について目を通してみたのだが、結果は同様であった。

　このことは一般には、「資料がない」の一言ですまされることなのかもしれない。しかしここでは、この「語られない」という事実について、もう少し踏み込んで考えてみたい。

　「語られない」ということは、クジラの減少という事実、あるいは乱獲という事実がなかった、ということが一応まずあり得ることとなる。しかし、本章第2節で見たもののうちの制度的部分、そして本章第3節で見た近代における言説のありようからすれば、これはあり得なかったと言えよう。と、なると、次に考えられるのは、クジラの減少という事実、あるいは乱獲という事実は、「触れてはならない」「語ってはならない」というものとなっていたのではないか、ということになると思われる。

　これは、あながち大げさな仮定ではないと言える。なぜなら近年、捕鯨関係者の間から、日本の捕鯨業が捕獲統計の操作、つまり捕獲頭数のごまかしを行っていたという事実があきらかにされているからである（近藤、2001：339-342、401-411；渡瀬、1995）。沿岸のマッコウクジラについては、近藤によれば、1950年頃から捕獲の隠蔽が行われるようになったという。この時期には、体長不足のものを、実際の生産量をもとにして体長の十分なクジラ何頭分かと計算するということが行われ、その隠蔽頭数も微々たるものであった。しかし、前述のように1956年よりマッコウクジラの捕獲枠が設定され始めると、この枠内で各社捕鯨船に割り振られた頭数では経営が成り立たなくなり、隠蔽が本格化した。近藤があきらかにした資料によれば、ある会社は、1970年の一社あたりの捕獲枠924頭のところを1,410頭、同様に1971年には825頭のところを1,336頭、1972年には666頭のところを1,243頭捕獲していた（近藤、2001：408）。また近藤そして渡瀬節雄は、沿岸捕鯨についての水産庁の監督官

に対しては、温泉・料亭などで接待を行い、そのために監督官が事業場を離れたところを見計らって、体長不足のクジラを解体したと指摘している。このような状況であったため、近藤は、マッコウクジラについて1950年以降の公表された捕獲頭数をただ羅列することは、全く無意味であると断言している（近藤、2001：405）[6]。

　一方南極海においても、渡瀬によれば、同様に隠蔽が行われていた。第二次世界大戦後間もなくのころは、捕鯨母船の処理能力が低かったので、母船に附属する捕鯨船ごとの捕獲割当制が実施されており、また捕鯨船に支給される歩合金は、クジラの体長によって変わる仕組みとなっていた。そこで、決められた割当の中でより大きなクジラを捕ることが重要となり、このため、一日の漁が終わると、大きなクジラを選んで割当頭数分だけ母船にもっていき、小さなクジラは浮かべるための空気（第1章を参照）を抜き捨ててしまっていた。このようなかたちで捨てられたクジラは、渡瀬によれば、一漁期で捕鯨船一隻あたりで50頭ほど、一船団につき300〜350頭になり、新鋭捕鯨母船が就漁するまでのこの総計は、少なく見積もって3,000頭近くになるとされている。さらに、先に述べた捕獲割当制時代からその終了以降の、南極海での母船式捕鯨が実施されていた時代をとおして、違反の対象となる体長不足のクジラや親子連れのクジラは、捕獲しても母船にもっていかずに捨てていたという。

　このような不正を行っている以上、クジラの減少、乱獲という事実を認め、それを是正すべく制度的な規制などについてはっきりしたかたちで語るということは、やはりあり得なかったと考えざるを得ない。近藤は以下のように述べる。「捕鯨業従事者にとっては、鯨資源が枯渇あるいは減少が事実であっても、潮流の変化、鯨の餌料不足、水温の変化、沖合に鯨が出た（移動した）、等々を理由に挙げるもので、鯨資源枯渇という言葉そのものが禁句なのである」「日本の捕鯨業界は古来から鯨

資源の保護に無関心であるのみならず、捕獲減少による原因の追究を怠り、ただ営利のみに重点を置き鯨の廻遊が少なくなっても絶対に資源が減少したとは言わず、またこれを語ることは捕鯨人の禁句でもあった」(近藤、2001：344、416)。

しかしながら、クジラの減少などについて語らなくとも、もしこの事柄に何らかの反応をしていたのであるなら、それ自体は捕鯨関係者の言表として、検討する必要があるものであろう。そして、わずかにそれが見いだせたものとして、以下に示す、当時日本水産取締役であった宮田大が、『毎日新聞』の「私の意見」に寄せたものがある（宮田、1959）[7]。

ここで宮田はまず、クジラの利用のされ方について、世界中で最も完全なかたちでクジラを利用しているのは日本人だと指摘しつつ、いくつか例示する。そして、この当時毎年15,000頭BWU捕獲されていたことについて、ほぼ毎年同じペースで、かつ体長その他の生物学的に見て著しい変化なく捕獲されていることから、「この捕獲制限ワクでは資源はおおむね維持できるのではないかと思われる」（宮田、1959）と記す。続いて宮田は、国際捕鯨取締条約の仕組みとそれによる規制について簡単に示した上で、最終的に以下のように述べるのである。

　　近ごろ鯨は段々少なくなって捕えにくくなったという説もあるが、鯨が捕えられないように逃げるのが上手になったからなかなか捕えられないことも否定できない。現在、捕鯨業は自由な競争であり、優勝劣敗はやむをえない。劣者にはメンツもあり、また経済的にもいろいろないい分もあろうが、優者には優者としての精神的、技術的な努力とそれに付随する当然な大きな投資というものがある。俗にミソもクソも一緒というが、かき回せば量の多い方が勝つ、少ない方になれというのは無理というものである。南氷洋捕鯨国別割当会議もこの「糞尿譚」に似たものか。ミソはいわゆる手前ミソにな

らず、その風格ある味をいつまでも保ちたいものである（宮田、1959）。

　ここでは、まさに事実について「語らない」ために「語られている」、と言うべきだろうか。あるいは、起こっていることを全く問題視していなかったということなのだろうか。いずれにせよ、宮田はクジラの減少を認めず、捕獲枠は現状のままでよいとし、さらには前述した岡と同様に、「逃げるのが上手になったから」と述べている。また、最後の部分の、あまり品があるとは思えない宮田のたとえ話は、1955年に大洋漁業の日新丸が出漁船団中トップの成績をあげたように、日本の船団は様々な努力そして投資によってできた「ミソ」であり、それが徐々に船団数を増し捕獲量も増加していくかたちで競争に打ち勝っているのだから、南極海での捕鯨国別割当会議においても「量の多い方が勝つ」ようにしなければならない、ということが言いたいようである。これは、日本による捕鯨の独占までは言及していないものの、その、国家間の競争の中で日本が利益をあげ続けていけば、利益をあげることができない国は退くしかなく、そして日本が捕鯨において支配的な位置を占めることになるという発想は、前述した馬場と共有しているものと思われる。またここでは、馬場と同じく、競争が進んでもクジラ自体は絶滅するほど減少するわけではないとする、楽観的な立場がとられているものと考えられる。しかし日本の捕鯨は、乱獲を防ぐということを考えたとき、そのことについて積極的であったわけではなく、むしろ捕獲の隠蔽といった不正を行っていたのであるから、その実態は「ミソ」ではなく、「手前ミソ」であった。

5. 小括

　以上より浮かび上がってくる「乱獲の論理」というのは、結局のところ、産業として捕鯨業を行っていくにあたって、それによって得られる利益を増やしていくため、及び捕鯨業界において覇権を握るために、自らに都合のよい論理を形成し編制していくことだということになる。そしてそのような場では、クジラそのものの減少は「語られない」ことである一方で、くり返し登場したのが、岡が「永久無尽説」を唱える際に述べていたような、「クジラの捕獲数が減ったように見えるのは、クジラが逃げるから」ということであったり、また楽観的な観測のもと競争を行い、そこで日本が勝者となっていくという発想であった。事実南極海においては1960年代以降、日本が捕鯨において支配的な位置を占めるということは実現したと言える。しかし、捕獲対象となったいくつもの種類のクジラは減少し、最終的にはそれらの捕獲を大幅に減らさざるを得なくなるなど、あまりに大きな自然の破壊と、その代償を払うということになった。

　ただし、注意してほしいのは、筆者（渡邊）は、ここで指摘している「乱獲の論理」というのが、近現代を通して日本の捕鯨業の変わらない本質であった、と主張しているわけではないということである。「乱獲の論理」が日本捕鯨業の本質であるとするような考え方は、むしろ、筆者（渡邊）が本書全体を通じて批判している実体論的なものである。そうではなくて、この「乱獲の論理」は、いつの時代に、どのような場所にでも現れてくるものであると考えるべきである。

　ではこのような、「乱獲の論理」からのがれるのには、どうすればよいのであろうか。それへのヒントは、豊秋亭の記述からあきらかになった、「クジラを殺す」ことに対する後ろめたさ、「クジラを殺す」ことの合理性へと回収されない意識のありようにあると思われる。そしてこの

第5章 「乱獲の論理」を探る　171

ことは、近世における捕鯨についての語りの中のみに姿を現すというわけではない。

　丸川久俊が1941年に著した『捕鯨船日記』という本（丸川、1941）は、中表紙に「小国民科学読物」とうたれていることからわかるように、子供たちに対して捕鯨、とりわけ南極海での母船式捕鯨を、それらに関わる科学・技術のトピックスなどを連ねることでわかりやすく解説するものとなっているが、その中には、以下のような記述がある（丸川、1941：174-179）。

　各国の捕鯨業者の間に結ばれている約束（国際捕鯨協定（第1章及び第3章を参照）のことと思われる）では、「乳呑鯨」（丸川、1941：174）及び「乳呑鯨」をつれている母鯨は捕獲できないことになっている。しかし「乳呑鯨」は泳ぎが遅く、そして母鯨は「乳呑鯨」にあわせて泳いでいるために同様に泳ぎが遅くなり、また「乳呑鯨」の世話をしながら泳いでいるために自らの都合にあわせて浮き沈みしないので、これまではこれらのクジラは大量に捕獲されていたと丸川は述べる。このように鯨組と同様に、親子連れのクジラは最もふさわしい捕獲対象となっていたのだが、丸川はその捕獲の際、まず「乳呑鯨」を捕獲すると、母鯨はいつまでも「乳呑鯨」のそばを離れようとしないので母鯨も捕獲できるとし、「それほど、乳呑鯨を連れてゐる母鯨は、深い愛情を持つてゐるわけだ」（丸川、1941：175）と指摘する。そして、「僕はこんな話を聞いたことがある」（丸川、1941：175）と語り始めるのである。

　13歳のときから捕鯨船に乗り込み、その後、人からほめられるような腕をもつようになった若い砲手がいた。やがてこの砲手は結婚し、男の子が産まれた。砲手は大変よろこび、また周りの人々が祝福してくれたので、砲手は自分ほど幸福な者がこの世にいるであろうかとさえ考えた。そのうちに捕鯨の時期が来た。砲手はふだんよりとても元気に、そして愉快な気持ちで捕鯨船に乗り込んだ。

5. 小括

　ある日のこと、この砲手の乗った捕鯨船は、遠方に2頭クジラが泳いでいるのを発見した。船は捕獲の準備をし、砲手は砲塔に立った。船は全速力でクジラに近づいたが、着眼距離にまで接近したとき、2頭であると思っていたクジラが、実は「乳呑鯨」をつれたつがいのクジラであることがわかった。「乳呑鯨」は親鯨に囲まれて一生懸命泳いでおり、そして砲手の目には、親鯨たちは危険を感じたのか、よりいっそう「乳呑鯨」によりそってそれをかばっているように映った。驚きのあまり我を忘れた砲手であったが、船長の怒鳴り声にはっと気を取り戻した。クジラの間近まで来てしまっていたのである。

　砲手はこれまでのやり方のとおり、「乳呑鯨」に向かってモリを放ち、それは命中した。よろこびの声が船内であがった。無我夢中の砲手であったが、ふと気がつくと、母鯨は急いで「乳呑鯨」のそばに近づき、横になって脇鰭（たっぱ（胸ビレ））で「乳呑鯨」の頭を叩いたかと思うと、真っ白いものを「乳呑鯨」にかけたのである。

　それは母鯨の乳であった。その有り様は、はやく飲みなさいと最後の愛情を子供にかけてやっているようであった。その親子鯨を見ていると、砲手の胸には、自分の可愛い子供とその母親が思い浮かんでくるのであった。そのようなことを思い描いている間にも、船長の鋭い叫び声がかかる。砲手は「再び心の中で手を合はして」（丸川、1941：179）、母鯨も射止めたのであった。

　そしてそれから間もなく、その人は砲手をやめ、別の仕事をするようになった。

　丸川のする話は以上であるが、これは実際の出来事を、丸川が見聞きしたものなのだろうか。それとも、捕鯨業に従事する労働者の間で生まれ語られていたフォークロアなのであろうか。もちろんそれはわからない。しかしその一方で、この丸川の本では、時代状況に沿うような民族主義的な語りが散見せられるのであり、また砲手の育成について述べた

部分だけ見ても（丸川、1941：122-128）、そこでは、「産業戦士」として外国と争うためには「軍隊精神」で砲手の卵を鍛えあげる必要があり、その結果として、「全船員が一つの心になつて仕事をする」（丸川、1941：128）ことができるような、「日本精神」にもとづく捕鯨が実行できるのであると説かれているのである。「産業戦士」の「精神」とは、船長の怒号であり、「乳呑鯨」をしとめた際に捕鯨船内にあがったよろこびの声である。この「精神」は、「乱獲の論理」と言い換えられ得るものであり、それは親子鯨の前でたじろぐこの一人の若い砲手の胸の内とは相容れない。この矛盾は、子供たちに語りかけるという本の体裁の中で、無自覚なまま、クジラに対する複雑な思いとして表出してしまったものなのだろうか。

　いずれにせよ、「クジラを殺す」ことに対する後ろめたさ、「クジラを殺す」ことの合理性へと回収されない意識のありようは、捕鯨についての近現代の言表の編制から、こぼれ落ちるようにしてあらわになるようなものである。そしてこのような、まさに人間として生きていく以上、いつの時代に、どのような場所においてでも現れざるを得ないものを、供養というかたちで昇華させず、常に自らの中にもち続けること。殺さなければ生きていけないことと、殺すことに対する後ろめたさの間を、常に行き来し続けること。たとえこのような心の内々のことが「語られない」としても、少なくともそのことは、自らそして自国に都合よくするために「語らない」こととは、全く異なることになるのではないだろうか。

注
1　1938年の数字は植民地を含まない。そして、沖縄は1944年から1972年まで、奄美諸島は1945年から1953年まで、日本の全国統計から除かれていたとされているので（農政調査委員会編、1977：iii）、1946年の数字

は沖縄、奄美諸島を含んでおらず、1956年の数字も沖縄は含まれていない。また、1946年の数字は小笠原諸島も含んでいないと思われ、1956年の数字に奄美諸島が含まれていない可能性もある。なお、沖縄を除いた戦前のブタ飼養頭数のピークは同様に1938年であり、その数は998,985頭であった。この、沖縄を除いたピーク以上にまでそれが回復するのは、同じ1956年である。

　それから、以下の本章での家畜の統計を扱った箇所において、筆者（渡邊）によって「内地」と表現されているものは、資料に「我が国」「国内」などと書かれている場合の範囲を、今日の都道府県の範囲と同じであると考えたことによる記述である。ただし、資料に「我が国」「国内」などと書かれている場合の範囲には、沖縄が除かれている可能性がある。

2　許可されていた隻数は、いわゆる「内地」においては、1909年には30隻、その後1934年には25隻となっていた（第1章及び第3章を参照）。しかしながら、許可船の代船なども認められていたようであり、また、日本の南極海での捕鯨が開始されてから、砲手・乗組員の養成のためということで練習船の操業が許可されたので、「実稼働船数」で考えると、操業隻数はもっと多くなる（前田・寺岡、1952：98-99）。一部の記述で操業した隻数が多くなっているのは（例えば、Freeman et al., 1988＝1989：16；長崎、1984：78）、そのためである。

3　許可制となったことで、それまでミンク船、テント船などと呼ばれていたものが、初めて小型捕鯨業と呼ばれるようになったという（前田・寺岡、1952：117）。また、小型（沿岸）捕鯨業が許可制となったことで、これまで行われていた沿岸捕鯨一般が、大型（沿岸）捕鯨と呼ばれるようになったと考えられる（『官報』6269号（1947年12月5日））。

4　これは、南極海での母船式捕鯨に対する規制が強化されつつあることに対して、その裏をかくかたちで実施された、と指摘されている（原、1993：115-119）ものである。1963年より、イギリス領サウス・ジョージア島において、大洋漁業・極洋捕鯨などがオランダの企業の基地を借用し、そして日本水産がイギリスの企業の基地を借用することで、南米大陸の南端部分に基地をもうけて、そこから南極海への出漁を行う捕鯨が開始された（「第12次〈原文ママ〉南鯨の出漁計画」、1964：54-56；「関係国注視の中を日本船団は出漁した」、1963：50-51）。この基地捕鯨

は、結局うまくいかず、大洋漁業・極洋捕鯨は1964年を最後に撤退、日本水産も、1966年に解約金を支払い撤退した（原、1993：125-126）。

5　馬場は1894年から沿岸捕鯨が禁止になったとしているが、正確には1904年からである（重田、1962a：8、15）。なお、ニシン漁業者などの捕鯨反対の理由の一つとして、クジラがニシンなどを海岸へと導いてくれる「天ノ使者」（關澤、1888：22）であるから、というものがあった。關澤明清は、1888年の段階（前年（1887年）に行ったと考えられる講演（「第六十回小集会要録」、1888））で、このような捕鯨反対意見に対するノルウェーの研究者の反論を、北海道においてクジラを「蛭子〈エビス〉神」（關澤、1888：21、29）とすることに対する否定というかたちで紹介している（關澤、1888）。またこの時期は、ノルウェーの沿岸捕鯨が濫獲により衰退していく時期でもあり、上述の沿岸捕鯨禁止とも相まって、ノルウェーの捕鯨会社や砲手は新たな捕鯨場を求めて海外へ出て行くこととなった。山下渉登はこのことが、ノルウェー式捕鯨導入期に、日本遠洋漁業によるノルウェーの捕鯨船のチャーターを可能にした（第1章参照）、第一の要因であると指摘している（山下、2004b：164-166、173-174）。

6　渡瀬は1965年の段階で、マッコウクジラの捕獲枠は最も捕獲可能な数ではなくそのはるか下位で決められていると主張し、そしてそのため、対外的には日本のマッコウクジラは相当減っているとの疑惑の念を抱かせ、対内的には企業経営が成り立たない結果となり、「沿岸捕鯨が民間の経営する企業である以上採算点に少しでも近づける為に所謂世に言う"不明朗な形"となるのである」（渡瀬、1965：44）、と述べている（渡瀬、1965：43-44）。

7　この資料は、原（原、1993：106-110）によって紹介されている。

終章
捕鯨問題における「文化」表象の政治性について

「ぼくは、ぼくは断言する、かれらは自分で何を言ってるか知ってないんだ。」
　諸君はかれらを、ありのままに見るべきだ、美しくもない、偉大でもない、「真実でもないさ」そうぼくの隣りの奴がつけ加える。
　だがぼくは耳を傾ける、注意ぶかく、気を配って。かれらが鼻唄を歌えば、ぼくは気をつける、これっぽちも失くさないように、その《子供がおはじきを失くしたら》という節を。
　それを読んだら諸君は、一切の判断を疑うことだ。
　またこうも考えたまえ、多くの人達が、その貧の支払いにあてる銅貨よりも多くの音を持ち合わせぬ、ということを。

　　　　　　　　　　　　　　　　　　　——ポール・エリュアール

1. 議論の総括

1.1 複数のかかわり

　以上、日本における近現代を中心とするクジラと人間のかかわりの歴史について述べてきた。そこで、序章で示した最終的な目標である人類学的研究の言説分析を行う前に、これによってあきらかになったことをまとめることにしたい。

1. 議論の総括

　まずあきらかになったと言えるのは、日本においては、クジラ（クジラ目の生き物）と人間の間に複数のかかわりがあった、ということである。換言すれば、日本におけるクジラと人間とのかかわりについては、捕鯨というかたちでのかかわりを、網捕り式捕鯨確立（17世紀）以降今日に至るまで、「日本人」が「伝統」的に行っているという考え方が流布されているが、かかわりの歴史を慎重に検討してみると、実際はそうではないということがあきらかになったのである。そこで、とりわけクジラの利用という点に注意して、そのかかわりの様々なケースについて、まとめてみることにする。

　まずあげることができるのは、クジラを殺すことであるいは死んだクジラを、鯨肉や鯨油などを得るために利用するというものである。これには、積極的なものと非積極的なものとがある。積極的なものは言うまでもなく捕鯨やイルカ漁である。九州北部や高知、和歌山などの一部で江戸時代に網捕り式捕鯨が行われており、その後ノルウェー式捕鯨や母船式捕鯨が導入された。またイルカ漁もかなり古く（江戸時代以前）から追い込み漁などの方法で行われていたと考えられており、そして現在でも、一部の地域で行われている（粕谷、1996；粕谷・宮下、1994、及び本書第4章）。これに対して、非積極的なものとしては、いわゆる流れ鯨（死んで漂流しているクジラ）や寄り鯨（座礁したり死んだりして海岸に打ち上げられたクジラ）の利用をあげることができる（第4章）。

　次に、生きているクジラを利用するというものがあった。これには第3章で述べた、かつて広島県阿波島周辺の瀬戸内海で行われていた、「スナメリ網代」と呼ばれる漁法があげられる。また、カツオの一本釣りを行う際に、カツオの群れが付いている可能性があるクジラの発見に努めたこと（第4章）も、このケースに含めることができよう。

　これらに加え、クジラを「恵比須」といったかたちで信仰の対象にしていた、一部の沿岸部の漁民とのかかわりもあった（第2章など）[1]。こ

終章　捕鯨問題における「文化」表象の政治性について　179

の信仰が生じたのは、クジラが漁業の対象となるイワシなどを追いかけることで、それらを沿岸に導くからだということであった。これよりこのケースは、「スナメリ網代」のような直接的なかたちでの利用ではないが、生きているクジラに恩恵を受けていた（と漁民たちが考えていた）ものと見なすことができよう。さらには、流通や保存技術が未発達の時期の、山間部で生活する人々の場合のような、利用しない、というかたちのものもあったであろう。

　これらの様々なかかわりは、「一つの地域に一つのケース」があったというだけでなく、いくつものケースが同時に存在した場合もあった。その一つが、捕鯨を行う一方で生きているクジラも利用するというものであった（第4章注）。また事例としては見いだすことはできなかったが、クジラを信仰の対象にしていたが、流れ鯨や寄り鯨は利用していたというものもあったと思われる。その他、クジラ目の動物の種類によってかかわりのありかたが異なっていた可能性もある事例も示した（第4章）。さらには、各地域に住む個々人を見れば、そのかかわりのありかた、クジラに対する思いといったものも、当然様々であったであろう。

　これらに付け加えるものとして、本書のこれまでの議論であきらかになった、漁業に関係し、また「民俗事象」として表象され得るもののほかに、今日の日本においては、比較的小型のクジラ目の生き物が水族館などで飼育され、そこでは芸の披露も行われている。それから、日本においても、ホエール・ウォッチングやイルカ・セラピーが展開し始めている（鯨者連編著、1996；三好、1997）。このような、クジラとの新たなかかわりを求める動きを含むこれらのかかわりも、見逃してはならないだろう。

　このように、様々なレベルで様々なかかわりがあったがゆえに、日本におけるクジラと人間とのかかわりは、歴史的に見て、複数であったし、複数であり続けていると言えるのである。ゆえにくり返すが、クジラと

「日本人」とのかかわりを、捕鯨や鯨肉食のみに限定させることはできないのである。

　なおここで、「多様」ではなく「複数」という言葉を用いている理由は、以下のようになっている。今日いわゆる生物多様性の尊重ということがコンセンサスを得られようとしている。そしてこれと同時に、文化的多様性の尊重ということも叫ばれているように思われる。しかし生物多様性は、遺伝子の多様性（一つの個体群の中や異なる地域個体群の間に見られる遺伝的変異または多様性）、種の多様性（多種多様な種が存在すること）、生態系の多様性（気温や地形等々の違いに応じて、異なる地域に異なる生態系が存在していること）という三つのレベルから構成されているという（樋口編、1996：7-11）、それ自体多様性を含んだ概念である。その一方で、文化的多様性と言うときには、「文化」は国家なり民族なりといった集団化されたものにおいて存在するということが前提となっているのである。よって、あたかも「種」をその集団化されたものに対応させるかたちで、生物多様性のアナロジーとして文化的多様性ということを設定するのはふさわしくなく、また生物多様性と文化的多様性が同列に並べられるわけでもない。さらには、本書であきらかとなったのは、クジラと「日本人」とのかかわりがたった一つではなかった、ということである。そこで文化的多様性ということに通ずる「多様」という言葉ではなく、「複数」という言葉を用いているのである。

　では、このように複数のかかわりがあった、日本におけるクジラと人間とのかかわりは、日本捕鯨業の展開過程の中で、どのようなものとなっていったのであろうか。そこで、近代以降の日本捕鯨業の展開について、あきらかになったことをまとめることにしよう。

1．2　かかわりの単一化

　日本におけるノルウェー式捕鯨の導入は、1897年に長崎県において設

終章　捕鯨問題における「文化」表象の政治性について　181

立された、遠洋捕鯨株式会社と長崎捕鯨株式会社を嚆矢としていた。そして、後に日本の捕鯨業をほぼ独占する東洋捕鯨の前身である、日本遠洋漁業株式会社の事業の成功によって、ノルウェー式捕鯨は日本に定着したと言える（第1章）。この導入過程とその展開の特徴として、次の二点が指摘できる。その一つが、鯨組のような規模でクジラが利用されていなかった地域での事業場開設にあたって、その地で漁業を営んでいた人々との間に軋轢や衝突が生じたということである。その最たるものが、第2章で取り上げた、1911年に起きた「東洋捕鯨株式会社鮫事業場焼き打ち事件」であった。

　もう一つが、その展開における、当時の日本の拡張主義的な方向性との一致である。ノルウェー式捕鯨の導入は、当時の政府の奨励（1897年公布の遠洋漁業奨励法）のもとにあり、その開始も、やがて日本が植民地とする朝鮮半島沿岸でなされた。そしてその後も、第二次世界大戦後まで、朝鮮半島における捕鯨業の利権は、日本の捕鯨会社の手中に収められることになった（第1章、第2章、第3章）。

　こうして漁民たちとの軋轢や衝突を生じさせながらも、捕鯨というかたちでのクジラと人間とのかかわりは、これ以降、一つの大きな産業となり、さらには「日本」という国家の動きと深く結び付きながら、植民地を含むこれまで鯨組のような規模での利用が行われていなかった地域へと広がっていく。そのことは結果として、アジア系個体群のコククジラが現在絶滅危惧種となっているのは、日本の捕鯨業が朝鮮半島沿岸でコククジラを大量に捕獲したからであると推測されている（第3章）ことに代表されるように、クジラの乱獲・減少につながっていく。そのため日本の捕鯨業は、朝鮮半島の他地域だけでなく、北海道東部及び千島・樺太に事業場を求めていくことになる（第2章注）。

　1934年に日本産業株式会社によって東洋捕鯨は買収され、日本捕鯨株式会社が成立する。この会社によって、1934年に、日本の会社として初

めての南極海での母船式捕鯨がなされる。とりわけこの時期以降の捕鯨に対する、戦争の影響は見逃せない。南極海での捕鯨は太平洋戦争が始まる1941年まで続けられ、そこでは「国策」上重要な、すなわち外貨獲得を可能にし当時は戦略上重要な物質でもあった鯨油生産が主となり、鯨肉の生産は付随的なものにとどまっていた（第1章）。

　敗戦後、食糧難を解決するために、ＧＨＱは南極海での母船式捕鯨を許可し、1946／47年漁期よりそれは再開する。このため、一時的な現象だが、肉類全体に占める鯨肉の割合が急上昇することになる（第5章）。よって、第二次世界大戦前には政策的働きかけや戦争といった国家の動きとも深く結び付きながらも、全国的かつ日常的に普及していたわけではなかった（第4章）鯨肉食が、これ以降「日本人」の日常となっていった。しかし、このように戦後鯨肉食が、捕鯨というかたちでのかかわりを有していた地域から全国に波及していくことの背後には、沿岸捕鯨の衰退とともに、「捕鯨オリンピック」と呼ばれ、南極海における多くの大型の鯨種の乱獲につながった、一定の捕獲枠の中で各国の船団がクジラの捕獲を競い合う方式への、参加とその実行があったのである（第5章）。

　以上の、本書のこれまでの議論であきらかとなった、日本における捕鯨業の歴史的展開より言えることは、複数あったクジラと「日本人」とのかかわりが、近代以降、捕鯨業が「国策」として位置づけられ、一つの大きな産業として成立したことで、捕鯨と鯨肉食というかたちでのかかわりに単一化されていったということである。しかも敗戦後には、一定の規模での鯨肉食が日常化することで、その単一化されたかかわりも「日本人」の日常となっていく。さらに言えば、政策的働きかけや戦争といったもののただ中で人々が「国民」となっていくことと、このかかわりの単一化は、ある部分では歩調を合わせながら進んでいったのである。だがそのかかわりの単一化が成し遂げられていくことの結果として、

とりわけ大型の鯨種の乱獲があったわけであり、その乱獲によって自らの首を絞めるというかたちで、1970年代以降、捕鯨という産業は衰退することになるのである。

　こうした歴史的展開をふまえると、たとえ現在小規模なものとなっているとしても、植民地支配の過程とともにあり、一つの大きな産業であった日本の捕鯨を、先住民のそれと同等に扱うことはできないのではないだろうか。そこで次に、日本の捕鯨と先住民の捕鯨を同等に扱うという前述の議論をも提出した捕鯨を「文化」とする言説そのものを、批判的に検討していくという最終的な目標であった作業を行っていくことにしよう。なおここで行われる「言説分析」とは、第5章で述べた、いわゆる表象の政治性を問題にしていくというものとなっている。

2.「捕鯨文化論」批判

2.1 M・M・R・フリーマンらの「捕鯨文化論」とその批判

　序章で述べたように、1987年末からの捕鯨モラトリアムを前にして、日本政府は調査捕鯨と原住民生存捕鯨を行うことで、あくまでも捕鯨を続行しようとした。日本政府は1987年4月に調査捕鯨の計画をIWCに対して提出すると同時に、当時北海道網走・宮城県鮎川・千葉県和田浦・和歌山県太地の四ヵ所で行われていた小型沿岸捕鯨は、原住民生存捕鯨と見なし得ると主張した。この後者の主張を理論的・実証的に正当化するためにまず登場したのが、私が名付けるところの「捕鯨文化論」である。

　ではその「捕鯨文化論」について、具体的に見ていこう。日本政府は小型沿岸捕鯨の調査報告（Freeman et al., 1988＝1989）を、IWCへ1988年に提出した。この中でM・M・R・フリーマンらは、小型沿岸捕鯨を行っている地域では、鯨肉の非商業的な儀礼的流通や、様々に発達した

2.「捕鯨文化論」批判

鯨肉の「食文化」、祭りや供養といったかたちでのクジラに関する信仰などがあるため、捕鯨は「社会的、文化的、経済的重要性」(Freeman et al., 1988＝1989：200) を有していると主張する。そして、小型沿岸捕鯨は商業捕鯨と原住民生存捕鯨の両方の特徴を兼ねそなえたものであるとし、それをＩＷＣにおける新たな捕鯨のカテゴリーと認めるようにと結論づけている。

それではフリーマンらの言う「捕鯨文化」とはどのようなものなのだろうか。まずフリーマンらは、「文化」を以下のように説明する。

> 人類学者の意味する「文化」とは一般に、社会化の過程を通してひとつの世代から次の世代へと受け継がれる「共有された知識」を意味する (Freeman et al., 1988＝1989：44)。

さらに、「捕鯨文化」を、以下のように説明する。

> ここで言われている捕鯨文化とは、数世代にわたり伝えられ捕鯨に関連した共有の知識であると言うことができる。この共有知識は、コミュニティーの人々に共通した伝統や世界観、人間と鯨との間の生態系的（霊魂も含む）および技術的な関係の理解、特殊な流通過程、それに食文化など、数多くの社会的、文化的諸要件により構成されている。〈改行〉日本の捕鯨文化において人々が共有する遺産は、長い歴史をもつ伝統に根ざしている。その意味において捕鯨文化の基本は歴史性であり、鯨や捕鯨にまつわる神話や民話その他の物語とつながっている (Freeman et al., 1988＝1989：165-166)。

そして、商業捕鯨が禁止されることで、「捕鯨文化」をもつ「コミュニティー」は崩壊の危機にさらされる。だから、

終章　捕鯨問題における「文化」表象の政治性について　185

　捕鯨コミュニティーの人々は、この〈北米の先住民は数が減少しているホッキョククジラを捕獲できるのに、捕鯨者たちの目には豊富に見える日本近海のミンククジラの捕獲は禁止されたという〉現状を日本人だけを標的にしたアメリカによる制裁だと考え、非常な悔しさを感じている。そして、日本人が鯨を食べることに対する批判は、日本の文化そのものに対する攻撃だとさえ感じている。それゆえに捕鯨問題は、今日、日本人全体の民族的象徴ともなっているのである (Freeman et al., 1988＝1989 : 185-186)。

と主張するのである。
　しかしこの「捕鯨文化」という主張には、いくつもの問題点が指摘できる。フリーマンらは前述の引用において歴史性を強調している。ここで言われている「歴史性」とは、過去との連続性ということであろう。だがその連続性は所与の現実としてあるだけであり、仮にそれが成立していたとしても、それが誰によって、なぜ、どのように形づくられたのかということは、すなわちそれがいかなる力学のもとで形成されたのかということは問われることはない。そのことは以下のような点からあきらかとなる。まずフリーマンらの語りには、捕鯨の歴史を歪めた部分が存在する。ここでフリーマンらが、捕鯨の歴史的展開をどのように記しているか見てみよう。フリーマンらの報告書にある「日本の沿岸捕鯨の歴史的発展」の図 (Freeman et al., 1988＝1989 : 6-7) によると、ノルウェー式捕鯨は、現在の山口県において始まり、それが九州西部から北海道へと、また高知、和歌山・三重、千葉、そして宮城・岩手へと、捕鯨船員の「移動」とともに「伝播」したとされている。この説明の最大の問題は、旧植民地、とりわけ朝鮮半島における捕鯨業の展開を無視した点にある。なぜならこれまで論じてきたように、網捕り式捕鯨崩壊後の日

本の捕鯨の再生は、朝鮮半島沿岸から始まったと言えるからであり、しかもそれは、「移動」や「伝播」といったソフトな言葉を用いて表象されるものではなく、植民地支配の過程として描き出されるべきものであったからである。

　またこれに加え、主として第2章で取り上げた、捕鯨会社とその地において漁業を営んでいた人々との間に軋轢や衝突が生じていたという事実も無視していることが、二つ目の問題点としてあげられる。フリーマンらは「文化」を、「伝統」的な「共有された知識」とした。この定義に従うのであれば、捕鯨に反対した漁民たちの観念や思考も、一つの「文化」ということになるだろう。だが当時の漁民らの、クジラは漁業の対象となるイワシなどを追いかけることで、それらを沿岸に導いてくれるなどの考えは、実際捕鯨会社などによって根拠がなく「迷信」であるとされ、結局そこにもう一つの「文化」、すなわち「捕鯨文化」が植え付けられたのである。

　フリーマンらが上記の二点に向き合おうとしないのは、その研究が日本の捕鯨を擁護するという政治的目的によってなされているために、「捕鯨文化」と表象したものが日本の「文化」であり、かつ「西洋」の不条理な要求によって抑圧されている無垢な存在であると示す必要があったからであろう。そしてそのことが結果として、「西洋」に対峙させるべく、ある「コミュニティ」の人々の思考を、「日本人」全体のそれにズラすようなかたちでの表象（Freeman et al., 1988＝1989: 185-186、上記引用部分）を行うことにつながるのである。ここにおいて、連続性に加えて、部分によって表された「日本人」全体という、その表象された全体性そのものをも問う必要が出てくる。そこで次に、これら連続性と全体性が成立しているのかということも含めて、このフリーマンらの研究の中心人物であった、高橋順一自身の研究について見ていくことにしよう。

2．2 高橋順一の「捕鯨文化論」とその批判

　高橋順一はまず1987年の論考（高橋、1987）において、エスニシティをインフォーマルな集団組織のための政治的・象徴的手段として道具的にとらえる視点を採用することで、一般にはエスニックグループとは見なされていない集団における「共有される文化的伝統」の社会的・政治的利用という問題について、太地を事例として分析する。そこで高橋は、「太地人」（高橋、1987）が、町村合併、原発建設、そして商業捕鯨禁止という「外圧」が生じるたびに、「アイデンティティー・シンボル」（民俗舞踊、地方誌など）を生成・流通させることで、「鯨の町」というアイデンティティを「高揚」させてきたことをあきらかにする。そしてその「太地人アイデンティティー」が、「外圧」に対抗する町の政策と運動を積極的に支える力として、有効に利用されてきたとするのである。

　この論考で高橋は、太地の人々が「文化」を政治的に用いることを「客観的に」分析しようとしており、また「太地人」と表象したことであきらかなように、それは、日本の中での、とりわけ当時捕鯨を行っていた地域の中での太地の特殊性を強調したものになっていた。しかしフリーマンらの研究においては、太地の人々のアイデンティティとその「高揚」は、以下のように表象されている。

　　鯨供養は、それを行なう集団によっては、共同体の利益に反するとみなされる外部勢力に対して、集団の結束を誇示する場ともなる。〈中略〉すべての太地町民のために開催される鯨供養がその好例である。供養が昭和天皇誕生日に行なわれるのは、もちろん偶然ではないだろう。供養に愛国的な意味をもたせるために、特にこの日が選ばれているのである。〈中略〉その時の儀式は宗教的なもののみにはとどまらない。名士たちが捕鯨の継続への不退転の決意と捕鯨モラトリアムへの全員一致での絶対反対を表明するスピーチを行な

う。〈中略〉このように、鯨供養は伝統的な生業様式を防衛するために外部に対して隊列を固めることを求める場でもあるのである (Freeman et al., 1988＝1989：147-148)。

　もちろん地域そして状況の相違というものに留意しなければならないが、このように表象されていることは、宗教的な場そしてそこでの有力者のスピーチなどといった類似点より、第2章で示した明治天皇への「奉悼会」と並置され得るのである。そのように置いてみると、上記の、フリーマンらが表象していることは、第2章で述べた、漁民たちを「国民」とすること、及びそのことと捕鯨との結び付きの、完成された姿として見ることができるのではないだろうか。そして、フリーマンや高橋などの人類学者たちは、この「国民」＝「日本人」として形成されたアイデンティティを、むしろ積極的・肯定的に表象しているのである。しかし、近代以降の日本の捕鯨業の展開が、日本の拡張主義的な方向性とともにあり、ある意味でその過程が「国民」＝「日本人」となることであったという歴史をふまえたならば、その表象は、引用した部分のような国家・民族主義的なものにならず、より慎重に表象されてしかるべきものであったはずである。だがそれを行わないのは、日本の「文化」としての「捕鯨文化」、という主張を展開するためであると、すなわち一個の「文化」と表象されたものが独立したものではなく、ある「文化」全体の要素の一部であると主張するためであると考えられる。そして以下に見るように、高橋自身の「捕鯨文化」という主張も、これと同様の、個別を排して全体を志向する方向で展開していくのである（高橋、1991、1992）。

　その新たな論考において高橋は、まず「文化」を、

　　ヒトが自ら棲息する生態学的環境の中にある資源を、探索・発見し、

獲得し、処理・加工し、さらにそれを分配して、消費する、そのために必要な知識、技術、社会組織の統合された総体的なシステム（高橋、1992：19）

と操作的に定義する。さらに、「捕鯨活動を基礎として特定の人間集団において、その社会的、経済的、技術的、精神的な諸要素が有機的に結びついた独特の生活様式が成立することが可能である。そのような現象が見られたとき」、それを「捕鯨文化」と呼ぶことができると主張する（高橋、1992：21）。そして、日本には独自の「捕鯨文化」があり、「文化的多様性」（高橋、1992：161）が必要であるという観点から見て、それは人類全体の未来のために維持されていくべきだと結論づけるのである。

また高橋は、日本における捕鯨の展開について、以下のような議論を行う。一つは、捕鯨業の近代化及び「捕鯨文化の伝播」（高橋、1992：82）における、「サポートシステム」の重要性という指摘である。19世紀末の「新しい漁場」の開拓の失敗は、捕獲技術者のみをその「漁場」に送り込み、クジラを適切に処理加工し効果的に流通分配して消費するという、陸上の「サポートシステム」を形成しなかったことにその原因があるとされる（高橋、1992：75-76）。ゆえに20世紀初頭の「新しい漁場」の開拓には、陸上の「サポートシステム」の形成が必然的になされた。捕鯨会社は捕獲技術者や解剖技術者を既存の捕鯨地から連れていったが、その他の処理活動には地元の労働力を中心にすえ、やがて、地元の者も専門的な作業に従事できるようになっていく（高橋、1992：82-85）。

もう一つは、大型沿岸捕鯨や母船式捕鯨も、網捕り式捕鯨以来の「捕鯨文化」と連続しているという主張である。「それらの共通点は、日本の捕鯨を特徴づける基本的な部分に多く集まって」（高橋、1992：113）いるとされているその連続性の根拠は、まず所属する地域集団や親族集

団、所有する知識・技術などの相違に見られる、捕獲活動と処理活動の明確な分離が持続している点に求められている。さらには、産出される鯨肉の消費法における「伝統」のもつ安定性による、処理活動の技術・工程の連続性と保守性や、操業者（鯨組・捕鯨会社）と漁場・処理場のある地域との互酬関係にも、その根拠は求められているのである（高橋、1992：90-116）[2]。

　すなわち高橋は、かかわりの単一化を「捕鯨文化の伝播」というかたちで肯定的にとらえ、さらには小型沿岸捕鯨だけでなく、大型沿岸捕鯨や母船式捕鯨も日本の「捕鯨文化」であるとすることで、「文化的多様性」を根拠にその継続を正当化しようとするのである。この議論の問題点は、高橋もまた、新たな「文化」の植え付けを、「伝播」などのソフトな言葉で表象していることにまずある。言い換えるなら、網捕り式のような規模での捕鯨は行われていなかったと考えられる、朝鮮半島をはじめとする各地域での事業場開設が、支配や軋轢などの問題と無縁なものであったのだろうか、ということなのである。ここである程度の「捕鯨文化論」批判を行った第1章においてあきらかにした、実際の、捕獲活動・処理活動における労働者の構成をもう一度見てみよう。一般化すれば網捕り式捕鯨は、地域の共同体に組み込まれており、そして当時の社会構造と同様に、身分制による階層構造、そして世襲制が敷かれていた。だが、近代日本の捕鯨会社の労働者は、捕獲活動だけでなく処理活動においても新技術の担い手として採用され、ゆえに地位も高かったノルウェー人、経営者としての、及びノルウェー人にかわる新技術の担い手となる日本人、そして多くがヒエラルキーの下位に位置したままであった朝鮮人によって構成されていた。つまり、捕鯨業が一つの大きな産業として成立し、また朝鮮半島でノルウェー式捕鯨が開始されたことで、そこでは国籍別の新たな組織構造が形成されたと考えられるのである。ゆえに、近代における鯨組とは異なった「（サポート）システム」の形

成そのものが、植民地支配の過程であると言え、よって、第2章で述べた軋轢や衝突も含め、「捕鯨文化の伝播」とは、クジラの乱獲をも招いた、ある種の暴力性を有するかかわりの単一化の過程として、批判的にとらえるべきなのである。

　また高橋の、大型沿岸捕鯨や母船式捕鯨も網捕り式捕鯨以来の「捕鯨文化」と連続しているという主張の中で、その根拠とされていた点については、これまでの議論においてそれなりの反論をしてきたつもりである。すなわち、捕獲活動と処理活動の明確な分離が持続しているとする点については、網捕り式捕鯨では、捕獲活動を行う者が処理活動にまわされて務めるという例があったことを指摘した（第1章）。また、鯨肉の消費法における「伝統」のもつ安定性による、処理活動の技術・工程の連続性と保守性ということについては、このような見方では、鯨肉の消費法における「伝統」がつくられていくという側面を見逃していることや、ノルウェー式捕鯨の処理活動は、「納屋場」での作業を単純に移したものではないことを示した（第1章、第4章）。そして、操業者と漁場・処理場のある地域との互酬関係という点については、新たにその地で捕鯨を開始するために、あるいはそこで生じた軋轢や衝突のために、互酬関係がつくられていくという側面が的確にとらえられていないということや、操業者が企業体である以上、クジラが捕れなくなると事業場は閉じられ操業者は他の地域を求めていくということを示した（第2章）。

　しかしながら、これらのこと以上に、もっと根本的な問題点がある。例えば次のような事柄は、どのように解釈できるのだろうか。1970年代に、捕獲禁止のシロナガス・ザトウを含むクジラを大西洋において密漁し、その肉を日本が輸入していたことで「海賊捕鯨船」として問題となった、キャッチャー・母船兼用の捕鯨船「シエラ号」の船員の構成は、1978年末において、船長と砲手がノルウェー人、その他の乗組員が南ア

フリカ連邦人となっており、さらにそれには、かつて日本の捕鯨会社で処理作業に従事していた、4人の日本人鯨肉検査員（inspector）が乗り込んでいた。このように、約10年にわたって密漁を行っていた「シエラ号」には、日本の捕鯨会社が深く関係しており、そしてそれには4〜6人の日本人の鯨肉検査員が乗船し、鯨肉の処理を監督していたという（原、1993：63-76）。高橋の論に従えば、「日本人向け」の鯨肉を生産していたこの「シエラ号」の捕鯨も、網捕り式捕鯨以来の「捕鯨文化」と連続していることになるはずである。それとも、ノルウェー人砲手によるノルウェー式捕鯨であるから、ノルウェーの「捕鯨文化」と連続している、あるいは、「日本人のみによってなされているわけではないから、網捕り式捕鯨以来の『捕鯨文化』と連続していない」、ということになるのであろうか。しかし、前述したように、近代日本のノルウェー式・母船式捕鯨は「日本人」のみによってなされていたわけではなく、また第1章であきらかにした、ノルウェー式捕鯨導入期の捕獲活動・処理活動の労働者の構成は、「シエラ号」の船員の構成とそれほど相違があるわけではないのである。

　このように高橋の議論は、大型沿岸捕鯨や母船式捕鯨の基層をなすものとして、様々な変化の中から、不変の「民俗学的・人類学的とされ得るもの」を見いだし抽出する方法によることで、それらが網捕り式捕鯨の「捕鯨文化」と連続していると実体論的に措定しているがゆえに、問題点を抱え込んでしまうものなのである。それよりも、大型沿岸捕鯨や母船式捕鯨は、前記した組織構造の変化とともに、新たな技術の導入などによって、鯨組とは全く別のものとして形成されたと理解すべきものなのではないだろうか。さらに言えば、一つの大きな産業として成立したものを、ある国家または民族の「文化」であると表象して正当化することが、たとえ「海賊捕鯨」を行っていなくとも、その国家・民族の無制限な産業活動の免罪符となってしまうことの危険性も指摘したい。

終章　捕鯨問題における「文化」表象の政治性について　193

　以上のことから、高橋自身の研究の展開においても、日本で行われているあらゆるレベルでの捕鯨を擁護しそれを対外・対内的に主張するという、一定の政治的動機が含まれていると考えられるのである。しかも高橋は、国家や民族を実体化し、その単一化されたかかわりを「文化」と表象しており、よってその「文化的多様性」の必要性という主張は、先に指摘したように、「国家・民族を単位とする文化の多様性」という主張となってしまっている。しかしクジラと「日本人」とのかかわり自体が複数あるわけであり、この意味で「日本」という国家や民族は実体化され得ず、ゆえに、もし高橋がその「多様性」という主張に「クジラと人間とのかかわりのあり方は数多くある」という意味を含めているのだとすると、「文化」の「伝播」や「移植」という過程と、その「多様性」という主張は矛盾することになるのである。

2.3　複数に向き合うこと

　結局のところ、フリーマンらの研究にしろ、高橋自身の研究にしろ、近現代日本の捕鯨業の展開を的確におさえられないがために、無理が生じてしまっていると言える。つまり日本の捕鯨業を擁護するという政治的目的でなされている以上、その展開はヨーロッパの植民地支配が先住民に対して行ったことのような、抑圧的なものであってはならないのである。そして、「日本」全体が捕鯨というかかわりに統一されていなければならないし、さらには、捕鯨というかかわりが構築されたり、現在の捕鯨と過去のそれとの間に断絶があったりしてはならないということなのである。そのためにフリーマンらは、近代日本及び近代日本捕鯨業の展開については「語らない」ことがある一方で、「小型沿岸捕鯨」という、一つの部分の表象によって「日本」全体を語るという、論理の飛躍を行うことになった。また高橋は、日本の捕鯨業全体を貫くものを示すために、「基層」なるものを恣意的に設定しなければならなかったの

2.「捕鯨文化論」批判

である。

　言い換えれば、このような困難さは、この両者とも「文化」を、第1章で参照したクリフォードが指摘するように、全体性と連続性を有するものとして——フリーマンらは連続性を強調し、高橋自身は全体性を強調しているのであるが——定義していることから生じていると考えられる。つまり近現代日本の捕鯨業の展開は、このような「文化」の定義からはみ出していたり、あるいはそれではとらえられないものなのである。それでは「文化」を、いわゆる異種混淆的なものとして、すなわち独立した身体のような有機的統一体ではなく、寄せ集めや結び合わせによってできているものとして（クリフォード、2003：504-506）定義すれば、このような困難さは解決されるだろうか。近現代日本の捕鯨業の展開は、様々な人々の混成と様々な技術の混成により形作られていくという過程であり、また複数であるものを単一なものへと変形させるという過程であったがゆえに、事象としては異種混淆的なものととらえることは可能であろう。しかし、異種混淆的であるという表象は、植民地化やいわゆるグローバリゼーションによって「文化」や「伝統」が変容されるに際して、先住民のような「支配される側」が支配的なものを流用したりする戦略を肯定的に理解することのみに用いられ得るわけではない。それが、「支配する側」が様々なものを取り込んで自らのものとする過程を肯定するためのものとしても用いられ得ることには留意すべきだろう[3]。いずれにせよ、異種混淆的であるとしても、それがどのような力によってなされたのかということ、一人一人を「文化」あるいは「伝統」といった集合化されたものの中へと押し込めること、そしてその表象が政治的な文脈の中でなされているということは、解決されず残ったままなのである。

　また、私のこの「捕鯨文化論」批判に対しては、次のような反論が返ってくることが予想される。その一つは、捕鯨や鯨肉食のように、それ

終章　捕鯨問題における「文化」表象の政治性について　195

が新たにつくり出されたものであるとあきらかになったとしても、ある一定の期間における「国民」の共通経験であったものは、「文化」などとすることができるのではないか、というものである。これについては、「文化」や「伝統」はつくり出される、ということがあきらかになることで言えるのは、「何年経てばあるかかわりが『文化』や『伝統』となるのか」ではもちろんなく、「我々はあるかかわりをつくり出すことができる」ということだ、と述べることができよう。そして、ある集団に一定の期間における共通経験があったとしても、それが「よい」ものであるかどうか（例えば、環境保護に親和的かどうか）ということとは、イコールではない。前述したように、敗戦後は、捕鯨と鯨肉食に単一化されたかかわりは「日本人」の日常となっていったが、その結果として、とりわけ大型の鯨種の乱獲があった。ゆえに我々は、そのようなものではない、クジラとの新たなかかわりをつくり出す必要があるのである。

　もう一つの反論としては、ある地域や少数者が、多数者あるいは多数者の支配する国家に対抗するために、「文化」や「伝統」と表象していくこと、すなわち高橋の示した「太地人」たちの動き、今日「アイデンティティの政治」と呼ばれるようなものをどうとらえるのかといったことがある。先に見たように、人類学者たちは、太地の人々の「国民」＝「日本人」として形成されたアイデンティティを、積極的・肯定的に表象していた。しかしフリーマンらや高橋の表象とは異なり、太地の人々はその形成されたアイデンティティを、あるときは「太地人」でありあるときは「日本人」であるというように、状況に応じて戦略的に変化させ得るような枠として設定しているということなのかもしれない。そして「戦略的本質主義」に与する研究者なら、事象が実際にはどのようなものであったにしろ、アイデンティティをそのような戦略的に変化させ得る枠として表象するであろう。だがアイデンティティという枠から、たった一人の人間でもはみだすのを許さないのであるなら、あるいはア

イデンティティの揺らぎを含む、一人の人間の心の中の葛藤を、合理的な計算による「一つの武器の使用」ということへと回収するのであるなら、それは問題となろう。ゆえに本書では、「集合的アイデンティティ」に類するような（「内部」に向かっての）フレーミングについて検討したのであり（第2章）、そして本書全体の中では、そのような一人の人間、一人の人間の葛藤について考えたかったのである。これは別の言い方をすれば、本書であきらかにした複数のかかわりとは、「一つの地域に一つのケース」があったということだけではなく、各地域に住む個々人そのものが、クジラに対する複雑な思いというものを含む、様々なかかわりを有していたということなのである。そして、複数のかかわりを認めるということは、個人においては葛藤の中を生きることであり、地域から世界に至るまでのあらゆるレベルの集団においては、集団の中で共に生きている者として、捕鯨というかたちのかかわりを行う人々が、そのようなかかわりを行わない（望まない）人々の存在を認め、また同時に、捕鯨というかたちのかかわりを行わない（望まない）人々も、それを行う人々の存在を認めるということである。もっとはっきりと述べた方がよいのかもしれない。私は法的にも社会的にも「日本人」とされているようだが、捕鯨の必要性は全く感じていない。しかし日々の生活の中でそれが必要だと考える人々が存在する以上、それらの人々にはきちんと向き合わなければならない、ということなのだ。

3. 結語

　以上、近現代日本におけるクジラと人間とのかかわりの歴史をあきらかにするとともに、「捕鯨文化論」に対する批判も行った。そこで最後に、これらをふまえた上で、クジラと人間のこれからのかかわりについて考察することで、本書の結びにかえることにしたい。

終章　捕鯨問題における「文化」表象の政治性について　197

　日本におけるクジラとのかかわりの今後については、今日いくつもの政策的議論が提出されている。これまでこの本であきらかにしたこと、及び論じてきたことをふまえるならば、これらはまず、以下のことを基本姿勢として検討する必要がある。

　　（1）「資源」を維持するという意味ではなく、環境を守るという意味において、「野生生物を守る」ということ。
　　（2）クジラと人間との複数のかかわりを維持する、ということ。

そうすると、現在の捕鯨ということを考えた場合には、極めて限定的なものしか許されないということになるだろう。ここで、これまでの発想をひっくり返す必要がある。すなわち、捕獲枠があろうがなかろうが、可能な限りたくさんのクジラを捕獲し得る主体とは何か、ということではなく、そもそもわずかしかクジラは捕獲できないという前提に立った上で、その実行にふさわしい主体とは何かということを考えるのである。
　その結果、最も現実的だと思われるのが、鬼頭秀一や小原秀雄の主張する、領海内での小型沿岸捕鯨、あるいはミンククジラについての捕鯨は認めるが、南極海での捕鯨は停止する、というものである（鬼頭、1996：164-166；小原、1996：123-137）。現状からすれば、このことは、前述した四つの地域での、小型沿岸捕鯨を認めるということになる。ただし、筆者（渡邊）がこのように主張するのは、これらの地域で行われていた捕鯨が、日本の「文化」や「伝統」であるからではない。実際、これらの地域のうち網走と鮎川は、20世紀に入ってから、つまりノルウェー式捕鯨導入以降に、捕鯨が行われるようになった地域である（Freeman et al., 1988＝1989：12-13, 39-40, 43-44、及び本書第2章）。この主張は、そうではなくて、かかわりの複数性を、「野生生物を守る」ということとともに、換言すれば環境を破壊しないという限りにおいて、維持する

3. 結語

べきだとしているものに過ぎない。

　一方捕鯨関係者は、南極海での捕鯨を、その利益を海洋哺乳類の研究や南極海の環境保全に用いるために、かつての専売公社のような方式で、「国の管掌・管理下」において続けることを主張している（川端、1995：238-253；長崎、1990b）。しかしこの主張は、捕鯨に反対する人々を含んだ、この日本という国に住む人々の同意が得られるかどうかということ以上に、拡張主義的な近代日本の捕鯨の延長として、クジラと「日本人」とのかかわりが、国家により捕鯨及び鯨肉食に固定されることになるという問題を有するゆえに、反対せざるを得ない。また R. L. Friedheim は、将来南極海での捕鯨を行うのは日本だけだと予測し得るとした上で、話し合いに参加する、海洋を優先して考えない国家及び「文化」の代表者たちは、自らを島国で海に依存している者だとし、常に食料の確保を心配しなければならない日本の、その海洋に対しての行動を誤って理解すると述べる。そして Friedheim は、その実行主体については明示していないものの、クジラについての諸問題などに使われるＩＷＣの管理する「基金」を設置し、利用料をその「基金」に払うなどという条件のもと、南極海のサンクチュアリの例外として、日本の捕鯨を認めることを提案している（Friedheim, 2001：320-321, 327-331）。だがこの Friedheim の「日本」理解は、あまりにも単純でステロタイプ化されたものであり、複数性を無視したものである。ゆえに、このような理解にもとづいた上での提案は、先に述べた捕鯨関係者のものと同様の問題を有することとなろう。

　そして（小型）沿岸捕鯨を実行するとしても、まず最初に、乱獲を含むこれまでの日本の捕鯨業の拡張主義的な展開に対する、明確な反省の表明が必要である。その上で、鬼頭の言うように、あるいはＩＷＣにおいて小型沿岸捕鯨を Community-based Whaling であるとしていた際の主張のように（藤島・松田、1998：120-121）、乱獲を防ぐためにも、（小型）

終章　捕鯨問題における「文化」表象の政治性について　199

沿岸捕鯨を行う地域において鯨肉などの生産物を地域外に出す量を制限するなどの、流通に対する規制を設ける必要があると考えられる。同様に、外国から生産物を輸入するべきではなく、そのためには現在緩和する方向で検討されている、いわゆるワシントン条約でのクジラへの規制は逆に強化すべきである。ゆえにこのような文脈に鑑みて、1997年のIWC総会においてアイルランドが提案した、公海での捕鯨を禁止するという主張は支持し得るのであり、またたとえそれが認められたとしても、国際的な規制と話し合いの場などとしてのIWCは、その後も維持されていくべきであると考えられるのである。さらにつけ加えるならば、以上のことは、経済力にものを言わせて世界中の水産物を収奪するのではなく、荒廃した沿岸での漁業を再生するかたちで行うという、水産業全体に求められていると考えられるあるべき姿の、それへの流れの一つということになるだろう。

　これに対して、H. N. Scheiber は、捕鯨に反対する立場ではありながら、歴史的に見て犠牲者であった先住民の、捕鯨の実行という「文化的」な要求は、例外として認められるとしている。しかし、日本の沿岸捕鯨を行っている町は、日本の他の地域と同様に、かつては日本の軍事的拡張と植民地からの搾取による利益を、そして今日では日本経済の成長による利益を得ており、またその町の人々が他の地域の人々と民族的に異なっているわけでもないので、先住民と同等には見なせずその捕鯨も認められないと結論づけている (Scheiber, 1998)。この Scheiber の主張は、歴史的な背景や過程を重視するという点で、私自身の論と重なる部分がある。しかし Scheiber は、抽象的な意味においても具体的な意味においても、「文化」や「伝統」そのものについて、歴史的な視点から慎重に吟味しているわけではない。そして Scheiber は、複数性に配慮しない、一様なかたちでの「日本」理解によることで、日本の捕鯨に反対しているように思える。これは、その結論は全く正反対なのだが、先に見

3. 結語

たFriedheimと同様の地平に立っていると言えるのではないだろうか[4]。

さらにD. G. Victorは、捕鯨モラトリアムは維持されている一方で、一定の原住民生存捕鯨が認められており、かつノルウェーは商業捕鯨を、日本は調査捕鯨を実行しているというIWCの現状は、「パレート最適」（誰かの利得を減じることなしには、他の誰かの利得を増加させることができない状態）となっているとしている。ゆえにVictorは、日本の「沿岸捕鯨コミュニティ」に対しても原住民生存捕鯨というものを公平に適用するなど、先住民の権利の取り扱いについての改善は必要だが、現在の捕鯨の管理制度は修正する必要がないと論じている（Victor, 2001）。このVictorの主張の中で留意しなければならない点は、アメリカ合州国の覇権についてどう考えるか、ということである。Victorは、国際政治における現実主義的な立場から、制裁の発動という威嚇によることで、その「パレート最適」という状態を支えているアメリカ合州国の覇権については、肯定的にとらえている。確かに、かかわりの複数性を認め、その立場で「政策提言」を行うだけでは、結局は人々の「寛容さ」に訴えているだけで、現実性はないのかもしれない。しかし覇権主義が、とりわけその暴力の行使が、少数者を圧殺し、また環境も破壊しているという歴史と現状も、現実の一つである。そしてそのような力に頼ったままで、いくら「多文化」や「文化的多様性」を唱えたとしても、それは複数に向き合うことではなく、我々が批判的に見てきた歴史が別のかたちでくり返されているだけである。つまり、「クジラとの新たなかかわりをつくり出す」こととは、そのような力に頼らないということを希求し続けていくことでもあるのだ。

ゆえにアメリカ合州国にかわって、日本が捕鯨あるいは水産業の覇権を握ればよいということにはならないということは、言うまでもないことであろう。しかし「文化」や「伝統」であると主張することは、覇権への欲望を形づくる国家・民族主義的なものと、極めて符合しやすいも

のである。そのため本書では、「何が『文化』や『伝統』なのか」ということよりも、「どうして『文化』や『伝統』と表象するのか」ということを問題にしてきたのである。そしてこの地点まで来て、我々は明確に述べることができるだろう。捕鯨問題を語ることは、国家・民族主義を叫ぶことではないのである。

注
1 ただし、「エビス神」と呼ばれるものに対する信仰そのものは、複雑な姿をしていることに留意する必要がある。実際「エビス神」と呼ばれるものとしては、クジラやイルカ、またはサメなどの生き物だけではなく、夷社・戎社などの社名の神社に祀られている記紀を依りどころにした神、水死体などがあげられている（波平、1978）。この「エビス神」に対する信仰のうち、鯨組（益富組）の労働歌や宴の際に歌われる歌の歌詞には、「伊勢」とともに「恵比寿」の「御利生」が唄われている（森田、1994：160-166）。また伊豆半島の川奈では、川奈の漁の神の一つである「夷了神社」への参拝を含む「エベス講」が、川奈で最初にイルカの追い込みに成功したとされる日を記念して、その日付に行われている（静岡県教育委員会文化課編、1987：96）。これらの例より、クジラを殺すことであるいは死んだクジラを、鯨肉や鯨油などを得るために利用するものの場合は、クジラそのものを「エビス神」と見なして信仰するのではなく、クジラという獲物をもたらすものとしての「エビス神」を信仰していた、と解釈すべきだろう。
2 高橋はこれらに加えて、捕鯨にまつわる「伝統的」な信仰が残っており、会社単位あるいは地元共同体を巻き込んでの鯨供養や祭礼が今日でも継続されていることを、その連続性の根拠としている（高橋、1992：116）。しかしこの点については、指摘があるのみでその具体的な記述がないので、除外して考えることにした。
3 例えば現代日本の代表的な右派政治家である石原慎太郎・東京都知事は、過去に日本では、「八紘一宇」を正当化し、「五族協和」を主張するために、強硬に混合民族説が主張されたとする佐高信の問いかけに対して、日本人は多民族の混合人種だと明確に述べている。この発言は、「混血」したほうが「優秀な人間」が登場する可能性があるという確信

3. 結語

のもと、「日本人は優秀である」ということを言いたいがためのもののようである（石原・佐高、2000）。ともあれここで重要なのは、かつてそして現在においても、日本人を単一民族とするような発想ではなく異種混淆的な発想が、国家・民族主義的な立場の人々の思考の中に存在するということである。

4 Friedheim は、先住民のものであろうとなかろうと、各国の沿岸捕鯨を認め、その管理計画をＩＷＣが作成することで、未加盟国のＩＷＣ加盟を促すことを考えている（Friedheim, 2001: 315-316, 324-327）。

あとがき

　本書は、2002年に京都大学に提出した博士論文、『近現代日本におけるクジラと人間のかかわりに関する歴史社会学的研究』を加筆修正したものである。博士論文及び本書は基本的に新たに書き下ろしたものだが、以下の各章は、すでに発表した論文をもとにしている。

　序章・終章：「捕鯨問題における『文化』表象の政治性について」、1998、『環境社会学研究』4：219-234。

　第1章：「近代日本捕鯨業における技術導入と労働者」、1998、『科学史研究』205：1-16。

　第3章：「産業・保護・天然記念物—クジラ類の指定をめぐって—」、2000、『生物学史研究』65：33-46。

　第4章：「近代日本における鯨肉食の普及過程について」、2001、大阪外国語大学外国語学部国際文化学科開発・環境講座『開発と環境』2：1-18。

　言うまでもないことだが、自らの有する知識のすべてと可能な限りの努力のすべてを費やすことで、本書は作成されている。とはいえ様々な制約により、十分に論じきれなかったり、あきらかにしきれなかった部分もある。この点については、読者の方々からのご批判を仰ぎたい。

　これまでの研究を本というかたちにまとめることができたのは、様々な方々のご助力のおかげである。この場を借りて、感謝の気持ちを表させていただきたいと思う。

　指導教官である祖田修先生には、博士論文作成時のみならず、大学院生活全般において大変お世話になった。そして祖田先生が農学原論研究

室を、極めて自由度の高い場として維持してくださったおかげで、私のような既存のディシプリンからはみ出しているような者でも、自分の興味関心のままに研究を続けることができた。

　お忙しい中、博士論文の審査を引き受けてくださった新山陽子先生と野田公夫先生からは、大変有益なコメントをいただいた。また現在の受入教員である末原達郎先生と、農学原論研究室の助手である大石和男氏は、ゼミの場などでいくつものアドバイスをしていただいたほか、博士号取得後行き場のない私を、様々なかたちで励ましてくださった。

　それから、私が大学院生時代に農学原論研究室に在任しておられた秋津元輝氏と崎山政毅氏には、研究そのもののみならず、研究者として生きるということについても、大いに薫陶を受けた。研究のスタイルも生きざまも異なるこのお二方が、同じ研究室に在籍していたということは、ある種の奇跡であったと思う。そして私は、戦慄しつつもその幸福な時を過ごすことができた。

　そして、一人一人のお名前は挙げないが、研究を続けていく中で出会った人々、とりわけともに学んだ農学原論研究室の先達や友人たちには、常に刺激を受けたということだけでなく、様々な面でご迷惑をかけてしまったということを記しておきたい。私は率先して自分自身の話をするタイプの人間ではないので、現在に至るまで何を考えている人間なのかよくわからないままなのかもしれない。しかしながらゼミ室というあの猥雑な空間に、幾度となく助けられたということは確かなのだ。

　最後に、出版業界をとりまく厳しい状況の中、本書の出版を引き受けてくださった東信堂代表取締役の下田勝司氏、ならびに編集を担当してくださった向井智央氏に、あらためてお礼を申し上げたいと思う。

渡邊洋之

引用文献その他

　引用した文献などは、著者名アルファベット順に並べた。また、雑誌・新聞記事等で著者不明、もしくは著者が特定されないものについては、記事・著作名で代用し、各章ごとに分けてアルファベット順に並べた。なお、図表の出典については、その図表それぞれにおいて示してある。

文献・資料

阿部松之進、1908a、「加奈陀太平洋岸に於ける捕鯨業」『大日本水産会報』305：9-15。
阿部松之進、1908b、「加奈陀太平洋岸に於ける捕鯨業」『大日本水産会報』306：8-13。
アチック・ミューゼアム編、1939、『土佐室戸浮津組捕鯨史料』（日本常民文化研究所編、1973b、『日本常民生活資料叢書　第二十二巻』三一書房：489-889）。
赤川学、2001、「言説分析と構築主義」上野千鶴子編『構築主義とは何か』勁草書房：63-83。
秋道智彌、1994、『クジラとヒトの民族誌』東京大学出版会。
安藤俊吉、1912a、「我国に於ける鯨体の利用」『大日本水産会報』355：15-21。
安藤俊吉、1912b、「我国に於ける鯨体の利用」『大日本水産会報』357：27-31。
安藤俊吉、1913、「我国に於ける鯨体の利用」『大日本水産会報』368：14-18。

青森県民生労働部労政課編、1969、『青森県労働運動史(第一巻)』。
朝比奈貞良編、1915、『大日本洋酒缶詰沿革史　缶詰篇』日本和洋酒缶詰新聞社(1997、『明治後期産業発達史資料　第339巻』龍渓書舎)。
A-Team、1992、『鯨の教訓』日本能率協会マネジメントセンター。
綾部策雄、1910、「諾威式捕鯨に対する吾人の希望」『大日本水産会報』335：3-4。
馬場駒雄、1942、『捕鯨』天然社。
Barsh, Russel Lawrence, 2001, "Food Security, Food Hegemony, and Charismatic Animals," Robert L. Friedheim ed., *Toward a Sustainable Whaling Regime*, Seattle and London : University of Washington Press, 147-179.
Carwardine, Mark, 1995, *Whales, Dolphins, and Porpoises*, London : Dorling Kindersley.＝1996、前畑政善ほか訳『クジラとイルカの図鑑』日本ヴォーグ社。
朝鮮漁業協会、1900、「韓海捕鯨業之一斑」『大日本水産会報』212：4-19。
朝鮮海通漁組合聯合会、1902a、「朝鮮海捕鯨業」『大日本水産会報』234：24-37。
朝鮮海通漁組合聯合会、1902b、「朝鮮海捕鯨業」『大日本水産会報』235：21-37。
朝鮮総督府、1934、『朝鮮宝物古蹟名勝天然記念物保存要目』。
Clifford, James, 1988, *The Predicament of Culture*, Cambridge : Harvard University Press.＝2003、太田好信ほか訳『文化の窮状』人文書院。
クリフォード、ジェイムズ、2003、「インタヴュー　往還する時間」(聞き手―太田好信)太田好信ほか訳『文化の窮状』人文書院：489-513。
Clifford, James, and George E. Marcus, eds., 1986, *Writing Culture*, Berkeley, LosAngels, London : University of California Press.＝1996、春日直樹ほか訳『文化を書く』紀伊国屋書店。
de Certeau, Michel, 1980, *L'Invention du Quotidien, 1, Arts de Faire*, Paris : Union Générale d'Editions.＝1987、山田登世子訳『日常的実践のポイエティーク』国文社。
江見水蔭、1907、『実地探検　捕鯨船』博文館。
Foucault, Michel, 1969, *L'Archéologie du Savoir*, Paris : Gallimard＝1995、中村雄二郎訳『知の考古学』河出書房新社。
Freeman, Milton M. R., et al., 1988, *Small-type Coastal Whaling in Japan*, Boreal Institute for Northern Studies, The University of Alberta.＝1989、高橋順一ほか訳『くじらの文化人類学』海鳴社。
Friedheim, Robert L., 2001, "Fixing the Whaling Regime," Robert L. Friedheim ed., *Toward a Sustainable Whaling Regime*, Seattle and London : University of Washington Press, 311-335.
Friedlander, Saul, ed., 1992, *Probing the Limits of Representation*, Cambridge : Harvard

University Press.＝1994、上村忠男ほか訳（抄訳）『アウシュヴィッツと表象の限界』未来社。
藤島法仁・松田恵明、1998、「ＩＷＣによる鯨類資源管理の多様性への対応に関する一考察」『地域漁業研究』39-1：111-124。
フジタニ、T.、1994、「近代日本における権力のテクノロジー——軍隊・『地方』・身体—」『思想』845：163-176（梅森直之訳）。
福本和夫、1978（改装版1993）、『日本捕鯨史話』法政大学出版局。
鯨者連編著、1996、『鯨イルカ　雑学ノート』ダイヤモンド社。
八戸社会経済史研究会編、1962、『概説八戸の歴史下巻1』北方春秋社。
原剛、1993、『ザ・クジラ〔第五版〕』文真堂。
原田敬一、2001、『国民軍の神話』吉川弘文館。
秀村選三、1952a、「徳川期九州に於ける捕鯨業の労働関係（一）」九州大学経済学会『経済学研究』18-1：57-85。
秀村選三、1952b、「徳川期九州に於ける捕鯨業の労働関係（二）」九州大学経済学会『経済学研究』18-2：67-106。
樋口広芳編、1996、『保全生物学』東京大学出版会。
北海道環境生活部環境室自然環境課編、1998、『道東地域エゾシカ保護管理計画』北海道。
豊秋亭里遊、1840、『小川嶋鯨鯢合戦』（1995、『日本農書全集　58　漁業1』農山漁村文化協会：281-383）。
井野碩哉、1940、「水産日本の底力」『水産界』693：3-11。
石田好数、1978、『日本漁民史』三一書房。
石原慎太郎・佐高信、2000、「俺は政治家としての作品は書いていない」『週刊金曜日』322：17-21。
岩崎猾治、1939、「南氷洋捕鯨従軍記」『水産界』682：53-59。
岩竹美加子編訳、1996、『民俗学の政治性』未来社。
伊豆川淺吉、1942、「近畿中部地方に於ける鯨肉利用調査の報告概要」『澁澤水産史研究室報告』2：113-145（日本常民文化研究所編、1973a、『日本常民生活資料叢書　第二巻』三一書房：407-441）。
伊豆川淺吉、1943、「土佐捕鯨史」（日本常民文化研究所編、1973c、『日本常民生活資料叢書　第二十三巻』三一書房：5-703）。
人文社編集部編、1997、『日本分県地図地名総覧』人文社。
鏑木外岐雄、1932a、「アビ渡来群游海面と漁業」史蹟名勝天然紀念物保存協会編『天然紀念物調査報告　動物之部第二輯』刀江書院：65-71。
鏑木外岐雄、1932b、「スナメリクヂラ廻游海面と漁業」史蹟名勝天然紀念物保存

協会編『天然紀念物調査報告　動物之部第二輯』刀江書院：72-75。

鏑木外岐雄、1932c、「蕪島ウミネコ蕃殖地」史蹟名勝天然紀念物保存協会編『天然紀念物調査報告　動物之部第二輯』刀江書院：104-107。

海洋漁業協会編、1939、『本邦海洋漁業の現勢』水産社。

梶光一、1999、「北海道におけるシカ個体群の管理」『環境研究』114：78-85。

梶村秀樹・姜徳相、1970、「日帝下朝鮮の法律制度について」仁井田陞博士追悼論文集編集委員会編『仁井田陞博士追悼論文集　第3巻　日本法とアジア』勁草書房：319-337。

神田三亀男、1981、「広島県の漁業・諸職」川上廸彦ほか著『中国の生業　2 漁業・諸職』明玄書房：181-242。

金木十一郎、1883、「捕鯨ノ地如何」『大日本水産会報告』19：9-13。

粕谷俊雄、1994、「スナメリ」水産庁『日本の希少な野生水生生物に関する基礎資料（Ⅰ）』：626-634。

粕谷俊雄、1996、「ハンドウイルカ」日本水産資源保護協会『日本の希少な野生水生生物に関する基礎資料（Ⅲ）』：334-339。

粕谷俊雄・宮下富夫、1994、「スジイルカ」水産庁『日本の希少な野生水生生物に関する基礎資料（Ⅰ）』：616-625。

加藤秀弘、1991、「捕鯨小史」桜本和美・加藤秀弘・田中昌一編『鯨類資源の研究と管理』恒星社厚生閣：264-268。

加藤陸奥雄編、1984、『日本の天然記念物1　動物Ⅰ』講談社。

川端裕人、1995、『クジラを捕って、考えた』ＰＡＲＣＯ出版。

川合角也、1924、『増補改訂　漁撈論』水産社。

川嶋修一・加藤秀弘編、1991、「南極海母船式捕鯨捕獲頭数と規制の変遷」桜本和美・加藤秀弘・田中昌一編『鯨類資源の研究と管理』恒星社厚生閣：239-255。

北村穀実、1838、『能登国採魚図絵』（1995、『日本農書全集　58　漁業1』農山漁村文化協会：117-223）。

鬼頭秀一、1996、『自然保護を問いなおす』筑摩書房。

木崎盛標、1773、『肥前州産物図考　小児の弄鯨一件の巻』（宮本常一ほか編、1970、『日本庶民生活史料集成　第十巻　農山漁民生活』三一書房：772-783、818-828）。

近藤勲、2001、『日本沿岸捕鯨の興亡』山洋社。

熊野太地浦捕鯨史編纂委員会編、1969、『熊野太地浦捕鯨史』平凡社。

葛精一、1932、「北海道松前郡大島に於けるオホミヅナギドリ蕃殖地」史蹟名勝天然紀念物保存協会編『天然紀念物調査報告　動物之部第二輯』刀江書院：8-18。

極洋捕鯨30年史編集委員会、1968、『極洋捕鯨30年史』。
前田敬治郎・寺岡義郎、1952、『捕鯨』日本捕鯨協会。
Marcus, George E. and Michael M. J. Fischer, 1986, *Anthropology as Cultural Critique*, Chicago: University of Chicago Press.＝1989、永渕康之訳『文化批判としての人類学』紀伊国屋書店。
丸川久俊、1941、『捕鯨船日記』博文館。
松牧三郎、1901a、「諾威式捕鯨実験談」『大日本水産会報』226：11-24。
松牧三郎、1901b、「諾威式捕鯨実験談」『大日本水産会報』227：10-15。
松牧三郎、1901c、「諾威式捕鯨実験談」『大日本水産会報』228：17-22。
松牧三郎、1901d、「諾威式捕鯨実験談」『大日本水産会報』229：13-17。
松牧三郎、1901e、「諾威式捕鯨実験談」『大日本水産会報』230：18-22。
松田素二、1996、「都市と文化変容―周縁都市の可能性―」井上俊ほか編『岩波講座 現代社会学 第18巻 都市と都市化の社会学』岩波書店：171-188。
松田素二、1997、「都市のアナーキーと抵抗の文化」青木保ほか編『岩波講座 文化人類学 第6巻 紛争と運動』岩波書店：95-134。
松尾幹之、1964、『畜産経済論』御茶の水書房。
松浦義雄、1944、『鯨』創元社。
松崎正廣、1910、「諾威式捕鯨業の非難を弁ず」『大日本水産会報』337：4-7。
McAdam, Doug, John D. McCarthy, and Mayer N. Zald, eds., 1996, *Comparative Perspectives on Social Movements: Political Opportunities, Mobilizing Structures, and Cultural Framings*, Cambridge, New York and Melbourne: Cambridge University Press.
Melucci, Alberto, 1989, *Nomads of the Present*, Philadelphia: Temple University Press.＝1997、山之内靖ほか訳『現在に生きる遊牧民』岩波書店。
Melucci, Alberto, 1996, *Challenging Codes*, Cambridge, New York and Melbourne: Cambridge University Press.
美島龍夫、1899、『捕鯨新論』嵩山房。
宮本馨太郎、1940、「我が国現行の笠に就いて（予報一）」『民族学年報』2：315-363。
宮本馨太郎、1972、「第一巻 民具篇 解説」日本常民文化研究所編『日本常民生活資料叢書 第一巻』三一書房：955-974。
宮田大、1959、「やむを得ぬ優勝劣敗」『毎日新聞』6月9日号。
三好學、1929、「理学博士渡瀬庄三郎君を想ふ」『史蹟名勝天然紀念物』4：374-385。
三好晴之、1997、『イルカのくれた夢』フジテレビ出版。
森岡正博、1999、「自然を保護することと人間を保護すること」鬼頭秀一編『講

座　人間と環境　第12巻　環境の豊かさを求めて』昭和堂：30-53。
森田秀雄、1963a、「日本捕鯨業の再編成は必至か」『水産界』941：30-37。
森田秀雄、1963b、「南鯨再編成をめぐる国内の動き」『水産界』947：30-42。
森田秀雄、1965、「成人式迎えた南氷洋捕鯨だが」『水産界』971：18-31。
森田勝昭、1994、『鯨と捕鯨の文化史』名古屋大学出版会。
長崎福三、1984、「日本の沿岸捕鯨」『鯨研通信』355：75-87。
長崎福三、1990a、「最近の捕鯨論議について（II）」『鯨研通信』378：16-21。
長崎福三、1990b、「最近の捕鯨論議について（III）」『鯨研通信』379：5-7。
内務省社会局第一部、1924、『朝鮮人労働者に関する状況』（朴慶植編、1975、『在日朝鮮人関係資料集成　第一巻』三一書房：445-540）。
内務省地方局、1914、『細民調査統計表摘要』（多田吉三編（抄録）、1992、『家計調査集成9　明治家計調査集』青史社：611-620）。
中村哲、1958、「植民地法（法体制確立期）」鵜飼信成ほか責任編集『講座　日本近代法発達史　5』勁草書房：173-206。
中村羊一郎、1988、「イルカ漁をめぐって」静岡県民俗芸能研究会『静岡県・海の民俗誌』静岡新聞社：91-136。
中谷正雄、1932、「鯨に関する展覧会に就て」『水産界』601：30-35。
中澤秀雄ほか、1998、「環境運動における抗議サイクル形成の論理」『環境社会学研究』4：142-157。
波平恵美子、1978、「水死体をエビス神として祀る信仰：その意味と解釈」『民族学研究』42-4：334-355。
奈須敬二、1989、「昭島くじらまつり」『鯨研通信』375：3-8。
日本哺乳類学会編、1997、『レッドデータ　日本の哺乳類』文一総合出版。
日本加除出版株式会社出版部編、1979、『全国市町村名変遷総覧』日本加除出版株式会社。
日本経済新聞社、1983、『会社総鑑　《未上場会社版》』。
農林大臣官房統計課、1926-30、1932-36、1938-42、『第一―十八次農林省統計表』。
農林省農業改良局統計調査部編、1949-51、『第24―26次農林省統計表』農林統計協会。
農林省水産局編、1939、『捕鯨業』農業と水産社。
農林水産省統計情報部・農林統計研究会編、1979、『水産業累年統計　第2巻』農林統計協会。
農政調査委員会編、1977、『改訂日本農業基礎統計』農林統計協会。
農商務大臣官房統計課、1925、『第四十次農商務統計表』。

小原秀雄、1996、『人間は野生動物を守れるか』岩波書店。
岡田藤江、1916、「鯨漁場としての根室近海の価値」『水産界』400：38-42。
大村秀雄、1938、「世界捕鯨業の現状と我国捕鯨業の将来」『水産界』671：14-18。
大村秀雄、1963、「三人委員会の任務と国際捕鯨委員会」『水産界』941：24-28。
大村秀雄・松浦義雄・宮崎一老、1942、『鯨―その科学と捕鯨の実際―』水産社。
大野獅吼、1907、「銚子物語」『文芸倶楽部』13-9：545-560。
大阪圭吉、1936、「動かぬ鯨群」『新青年』11月号（2001、『銀座幽霊』東京創元社：125-156）。
大隅清治、1994、「シロナガスクジラ」水産庁『日本の希少な野生水生生物に関する基礎資料（Ⅰ）』：592-600。
大隅清治、1995、「コククジラ」日本水産資源保護協会『日本の希少な野生水生生物に関する基礎資料（Ⅱ）』：513-520。
太田康治、1927、「大正十五年度に於ける捕鯨状況概説（上）」『水産界』540：20-24。
大泰司紀之・本間浩昭編、1998、『エゾシカを食卓へ』丸善プラネット。
朴九秉、1995、『増補版　韓半島沿海捕鯨史』、釜山：図書出版　民族文化。
齊藤萬吉、1918、『日本農業の経済的変遷』（多田吉三編（抄録）、1992、『家計調査集成9　明治家計調査集』青史社：224-254）。
桜本和美編、1991、「ＩＷＣによる鯨類の資源推定値、資源分類および捕獲枠」桜本和美・加藤秀弘・田中昌一編『鯨類資源の研究と管理』恒星社厚生閣：256-261。
桜本和美・加藤秀弘・田中昌一編、1991、『鯨類資源の研究と管理』恒星社厚生閣。
佐藤亮一、1987、『鯨会社焼き打ち事件』サイマル出版会。
關澤明清、1888、「捕鯨ト鰊漁ノ関係如何」『大日本水産会報告』71：21-29。
重田芳二、1962a、「世界の捕鯨制度史及びその背景（三）」『鯨研通信』131：7-22。
重田芳二、1962b、「世界〈原文ママ〉捕鯨制度史及びその背景（四）」『鯨研通信』133：11-20。
重田芳二、1962c、「世界の捕鯨制度史及びその背景（四〈次号で五に訂正〉）」『鯨研通信』132：5-18。
重田芳二、1962d、「世界の捕鯨制度〈原文ママ〉及びその背景（六）」『鯨研通信』135：16-21。
重田芳二、1962e、「世界の捕鯨制度〈原文ママ〉及びその背景（七）」『鯨研通信』136：10-17。
重田芳二、1963、「世界の捕鯨制度史及びその背景（八）」『鯨研通信』137：12-22。
進藤松司、1985、「瀬戸内の鳥付網代・スナメリ網代」森浩一著者代表『日本民俗

文化大系　第十三巻　技術と民俗（上巻）』小学館：494-495。
飼料配給株式会社調査課編、1943、『飼料綜覧』飼料配給株式会社。
静岡県編、1989、『静岡県史　資料編23　民俗一』。
静岡県編、1991、『静岡県史　資料編25　民俗三』。
静岡県教育委員会文化課編、1986、『静岡県文化財調査報告書第33集　伊豆における漁撈習俗調査　Ｉ』。
静岡県教育委員会文化課編、1987、『静岡県文化財調査報告書第39集　伊豆における漁撈習俗調査　ＩＩ』。
末川博編、1978、『全訂　法学辞典（改訂増補版）』日本評論社。
田上繁、1992、「熊野灘の古式捕鯨組織」森浩一著者代表『海と列島文化　第8巻　伊勢と熊野の海』小学館：369-415。
田子勝彌、1926、「兒鯨」『史蹟名勝天然紀念物』1-11：1-15。
大洋漁業80年史編纂委員会、1960、『大洋漁業80年史』。
田島佳也、1995、「解題」『日本農書全集　58　漁業１』農山漁村文化協会：384-403。
高橋順一、1987、「捕鯨の町の町民アイデンティティーとシンボルの使用について」『民族学研究』52-2：158-167。
高橋順一、1991、「鯨類の資源管理と文化人類学的視点のもつ意義」桜本和美・加藤秀弘・田中昌一編『鯨類資源の研究と管理』恒星社厚生閣：203-212。
高橋順一、1992、『鯨の日本文化誌』淡交社。
田窪祐子、1997、「巻町『住民投票を実行する会』の誕生・発展と成功」『環境社会学研究』3：131-148。
Scheiber, Harry N., 1998, "Historical Memory, Cultural Claims, and Environmental Ethics in the Jurisprudence of Whaling Regulation," *Ocean & Coastal Management*, 38：5-40.
天然社辞典編集部編、1963、『船舶辞典』天然社。
Thompson, E. P., 1980, *The Making of the English Working Class*, Harmondsworth: Penguin Books.＝2003、市橋秀夫・芳賀健一訳『イングランド労働者階級の形成』青弓社。
鳥越皓之、1997、『環境社会学の理論と実践』有斐閣。
鳥巣京一、1999、『西海捕鯨の史的研究』九州大学出版会。
Touraine, Alain, et al., 1980, *La Prophétie Anti-nucléaire*, Paris: Editions du Seuil.＝1984、伊藤るり訳『反原子力運動の社会学』新泉社。
東洋捕鯨株式会社編、1910、『本邦の諾威式捕鯨誌』。
津呂捕鯨株式会社、1902、『津呂捕鯨誌』。
内田清之助、1925、「高知県蒲葵島おほみづなぎどり蕃殖地」内田清之助・黒田長禮『天然紀念物調査報告　動物之部第一輯』白鳳社：83-98。

上野千鶴子、1997、「記憶の政治学」『インパクション』103：154-174。
Victor, David G., 2001, " Whale Sausage : Why the Whaling Regime Dose Not Need to Be Fixed," Robert L. Friedheim ed., *Toward a Sustainable Whaling Regime*, Seattle and London : University of Washington Press, 292-310.
渡邊洋之、2000、「渡瀬庄三郎の自然観―生物の移入と天然記念物の制定・指定をめぐって―」『科学史研究』213：1-10。
渡瀬節雄、1965、「沿岸捕鯨の合理化問題と今後の課題」『水産界』962：39-49。
渡瀬節雄、1995、「捕鯨秘話」『今だから話そう　沈黙の時効』成星出版：235-240。
渡瀬庄三郎、1916a、「狐の養殖（一）」『東京日日新聞』10月30日号。
渡瀬庄三郎、1916b、「狐の養殖（二）」『東京日日新聞』10月31日号。
渡瀬庄三郎、1916c、「狐の養殖（三）」『東京日日新聞』11月3日号。
渡瀬庄三郎、1916d、「狐の養殖（四）」『東京日日新聞』11月4日号。
渡瀬庄三郎、1916e、「狐の養殖（五）」『東京日日新聞』11月5日号。
渡瀬庄三郎、1916f、「狐の養殖（六）」『東京日日新聞』11月6日号。
渡瀬庄三郎、1916g、「狐の養殖（七）」『東京日日新聞』11月7日号。
渡瀬庄三郎、1921a、「自然界の復旧事業（上）」『東京日日新聞』9月27日号。
渡瀬庄三郎、1921b、「自然界の復旧事業（中）」『東京日日新聞』9月28日号。
渡瀬庄三郎、1921c、「自然界の復旧事業　下の上」『東京日日新聞』9月29日号。
渡瀬庄三郎、1921d、「自然界の復旧事業　下の下」『東京日日新聞』9月30日号。
山口和雄、1973、「第二十三巻　中国・四国篇（4）解説」日本常民文化研究所編『日本常民生活資料叢書　第二十三巻』三一書房：835-842。
山下渉登、2004a、『捕鯨Ｉ』法政大学出版局。
山下渉登、2004b、『捕鯨II』法政大学出版局。
安丸良夫、1965a、「日本の近代化と民衆思想（上）」『日本史研究』78：1-19。
安丸良夫、1965b、「日本の近代化と民衆思想（下）」『日本史研究』79：40-58。
谷津直秀、1931、「渡瀬博士略伝」『動物学雑誌』508・509・509：45-46。
吉田竜司、1994、「群集行動と日常性―釜ヶ崎第一次暴動を事例として―」『ソシオロジ』39-2：75-95。
吉岡高吉、1938、「土佐室戸浮津組捕鯨実録」（日本常民文化研究所編、1973b、『日本常民生活資料叢書　第二十二巻』三一書房：393-487）。
吉岡正三・大西靖彦・高野守雄編、1963、『養鶏講座1』朝倉書店。

雑誌・新聞記事等で著者不明、もしくは著者が特定されない文献・資料

第1章

『勇魚取絵詞』、1832（宮本常一ほか編、1970、『日本庶民生活史料集成　第十巻　農山漁民生活』三一書房：283-332）。
「日露両国人の韓海捕鯨情況」、1904、『大日本水産会報』260：34-36。
「關澤明清君の伝」、1897a、『大日本水産会報』178：33-37。
「關澤明清君の伝」、1897b、『大日本水産会報』179：38-40。
「東洋捕鯨株式会社　二十余万円収益増加予想」、1926、『大阪屋商店旬報』135：8-10。

第2章

「怒涛の響」、1910、『大日本水産会報』339：32-33。
「漁民暴動余聞」、1911、『東奥日報』11月11日号。
「漁民謝恩会」、1912、『奥南新報』10月19日号。
「捕鯨暴動事件所感」、1911、『東奥日報』12月12日号。
「捕鯨会社焼撃事件続報」、1911、『はちのへ』11月7日号。
「捕鯨半歳の観察」、1911、『はちのへ』10月1日号。
「十王院の奉悼会」、1912、『はちのへ』10月19日号。
『鯨会社焼打事件公判記録』。
「"南氷洋移民"の記録」、1957、『水産季刊』4：96-99。
「鮫暴動事件公判」、1912、『東奥日報』2月6日号。
「鮫暴動予審終結」、1911a、『奥南新報』12月10日号。
「鮫暴動予審終結」、1911b、『奥南新報』12月13日号。
「鮫漁民暴動詳報」、1911、『東奥日報』11月3日号。
「謝恩の実を挙げよ（一）」、1912、『はちのへ』10月19日号。
「謝恩の実を挙げよ（二）」、1912、『はちのへ』10月22日号。
「高木検事の訓話（一）」、1912、『奥南新報』10月19日号。
「高木検事の訓話（二）」、1912、『奥南新報』10月22日号。
「高木検事の訓話（三）」、1912、『奥南新報』10月25日号。
「東洋捕鯨会社で鮫事業場を休む」、1932、『奥南新報』3月13日号。

第3章

『朝鮮総督府官報』（韓国学文献研究所編、1985-88、ソウル：亜細亜文化社）。
『官報』。

第4章

「鯨肉を売る」、1919、『東京日日新聞』7月26日号。
「食糧品の逼迫と鯨肉食用」、1919、『水産界』444：35-36。

第5章

「第12次〈原文ママ〉南鯨の出漁計画」、1964、『水産界』959：48-56。

「第六十回小集会要録」、1888、『大日本水産会報告』70：1。
「関係国注視の中を日本船団は出漁した」、1963、『水産界』947：43-52。
『官報』。
「迷動した捕鯨業界」、1957、『水産界』876：20-28。
『水産界』745-1068。

ウェッブページ

序章

「第55回国際捕鯨委員会（ＩＷＣ）年次会合結果」：http://www.jfa.maff.go.jp/release/15.07.07.1.html（2004年11月3日閲覧）

「第57回国際捕鯨委員会（ＩＷＣ）年次会合総会の開催について」：http://www.jfa.maff.go.jp/release/17/050617IWCannualstart.pdf（2005年8月1日閲覧）

「第57回国際捕鯨委員会（ＩＷＣ）年次会合総会の結果について」：http://www.jfa.maff.go.jp/release/17/17.0624.02.htm（2005年8月1日閲覧）

「第56回国際捕鯨委員会（ＩＷＣ）年次会合本会合の結果について」：http://www.jfa.maff.go.jp/release/16.0723.03.htm（2004年11月3日閲覧）

「第54回国際捕鯨委員会（ＩＷＣ）年次会合結果」：http://www.jfa.maff.go.jp/release/14.05.31.7.html（2004年11月3日閲覧）

「鯨類の捕獲等を巡る内外の情勢　平成15年7月」：http://www.jfa.maff.go.jp/whale/document/brief_explanation_of_whaling_jp.htm（2005年8月1日閲覧）

「捕鯨班の基本的な考え方」：http://www.jfa.maff.go.jp/whale/assertion/assertionjp.htm（2005年8月1日閲覧）

「小型捕鯨業に関する基礎知識」：http://homepage2.nifty.com/jstwa/kisochisiki.htm（2005年8月1日閲覧）

'Revised Management Scheme'：http://www.iwcoffice.org/conservation/rms.htm（2005年8月1日閲覧）

'Taxonomy of Whales'：http://www.iwcoffice.org/conservation/cetacea.htm（2005年8月1日閲覧）

'2005 Meeting'：http://www.iwcoffice.org/meetings/meeting2005.htm（2005年8月1日閲覧）

第3章

「エゾシカの保護と管理」：http://www.pref.hokkaido.jp/kseikatu/ks-kskky/sika/sikatop.htm（2004年9月22日閲覧）。

人名索引

〔ア行〕

赤川学 144
秋道智彌 7
石田好数 58,81,90
石原慎太郎 201
伊豆川淺吉 122-125,129,140
ヴィクター, D. G.(David G. Victor) 200
江見水蔭 34,35,41,42,53
大阪圭吉 3
岡十郎 30-32,53,80,81,158,169
小原秀雄 197

〔カ行〕

鏑木外岐雄 96,97,111
鬼頭秀一 15,197,198
クリフォード, J(James Clifford) 18,194
近藤勲 59,74,139,145,166,167

〔サ行〕

佐藤亮一 58,89
シェイバー, H. N.(Harry N. Scheiber) 199
昭和天皇 187
關澤明清 20,175

〔タ行〕

高橋順一 9-11,17,187-195
田窪祐子 86
田子勝彌 102,103
タロー, S.(S. Tarrow) 85
寺岡義郎 119,140

ド・セルトー, M.(Michel de Certeau) 87
トゥレーヌ, A.(Alain Touraine) 86,87
トムスン, E. P.(E. P. Thompson) 55,84,88
鳥越皓之 61,73
鳥巣京一 52,56

〔ハ行〕

朴九秉 37,53
バーシュ, R. L.(Russel Lawrence Barsh) 139
馬場駒雄 160,169
原田敬一 78
原剛 145,175
フーコー, M.(Michel Foucault) 143,144
フリードハイム, R. L.(Robert L. Friedheim) 198,200,202
フリーマン, M. M. R.(Milton M. R. Freeman) 9,183-188,193-195
豊秋亭里遊 155

〔マ行〕

前田敬治郎 119,140
松田素二 87,88
丸川久俊 171,172
宮田大 168,169
宮本馨太郎 124
明治天皇 64,79,80,84,188
メルッチ, A.(Alberto Melucci) 85,86,88
森岡正博 92
森田勝昭 7,51,116,138,155

	〔ヤ行〕	吉田竜司	87
		〔ワ行〕	
安丸良夫	61		
山下渉登	56,122,175	渡瀬庄三郎	94,107,111
山田桃作	30,53,118,139	渡瀬節雄	166,167,175

事　項　索　引

BWU　145
Community-based Whaling　13,198
GHQ　145
IWC　6,12-14,145,150,151,183,184,198-200
RMP　14
RMS　14

〔ア行〕

アイスランド　6
アイデンティティ　9,187,188,195
アイデンティティの政治　195
アイルランド　199
赤肉　117-121,125,131,133-135,138,139,141
揚繰網　65,67
アチック・ミューゼアム　123,124
網走　183,197
アビ　97
アビ渡来群游海面　97
油肉　125,131,133,141
網捕り式捕鯨　10,17,19,20,26,28-30,33,
　　　37,43-45,53-55,117,154,189,192
アメリカ合州国　151,200
アメリカ式捕鯨　19,20
鮎川　33,43,53,58,183,197
鮎川捕鯨株式会社　21,112
アンタークチック　45,46
イカナゴ　96-98
異種混淆的　194,202
伊豆半島　137,141,142,201
いなづま丸　37
伊根　130
イルカ　137,141,142

イルカ・セラピー　179
イワシ　65,67,72,73,75,83,84,136,142
イワシクジラ　7,13,74,137,151
隠蔽　166,167
ウィンチ　42-44,47
ウシ　147,148
宇出津　57,90,141
海鳥　97,98,111
ウミネコ　97,111
蔚山　31,32,34,49
蔚山克鯨廻游海面　104,106
エゾシカ　108,109,112,113
エビス（恵比須、蛭子）　72,73,136,175,201
沿岸捕鯨　48,49,152,153,166,199
縁起物　133,134,136,138
遠洋漁業奨励法　76
遠洋捕鯨（遠洋捕鯨株式会社）　20,52,53
『奥南新報』　64,65,90
大型捕鯨、大型沿岸捕鯨
　　　10,13,14,17,24,153,174,189,192
オオミズナギドリ　97,111,137
小川島　27
小川島捕鯨株式会社　55
『小川嶋鯨鯢合戦』　155
「沖合」　26
親子連れ　5,155,167,171

〔カ行〕

改訂管理制度→RMS　14
改訂管理方式→RMP　14
解剖　42,43,74
解剖船　38,41,42,44,47

かかわり	15	原住民生存捕鯨	7,13,183,184
かかわりの単一化	182,190,191	言説	144
拡張主義的	50,51,107,151,188,198	言説分析	143,144,183
カツオ	54,137,142	言表	143,144
学校教育	78	合理性	157,170,173
過度経済力集中排除法	152	小型捕鯨、小型沿岸捕鯨	
釜石	44	7,9,13,14,24,112,152-154,174,183,184,197	
神	33,71-73,75,78,83,84,97,136,138,201	「仔鯨」	4,5
樺太	90	コククジラ	12,21,98,99,101-104,
関西地方	117,118,131		106,107,109,160
缶詰	53,120,121,131,135,138,140,141	国際捕鯨委員会→IWC(International	
監督官	167	Whaling Commission)	6
九州北西部	28,29	国際捕鯨会議	55,163
九州北部	117	国際捕鯨協定	48,55,101,162
漁業取締規則	101,102	国際捕鯨取締条約	12,106,145,150
漁業令	101	「国策」	50
漁業令施行規則	101	「国民」	77,78,80,83,84,182,188
極洋捕鯨	21,46,49,145,150-152,174,175	国連人間環境会議	151
金華山沖	153	コセミクジラ	12
空気	47,167	国家・民族主義	8,188,201,202
『鯨会社焼打事件公判記録』	64	ゴンドウクジラ類	13
鯨組	10,26-29,55,56,90,142,155,201	〔サ行〕	
国別割当	150,168,169		
供養	157,158,187	「細民」	67,68
軍人勅諭	76	サウス・ジョージア島	152,174
軍隊経験者	75-78,83	作業員	24,26
軍部	120	ザトウクジラ	13,151,153,159
「鯨児」	101,102	「サポートシステム」	189
鯨種別規制	152	サンクチュアリ	6
「鯨食文化」	116	三人委員会	150
ケイゼルリング伯爵太平洋捕鯨会社	30	三洋捕鯨有限会社	153
鯨肉	10,30,39,42,44,48,49,56,82,117-120,	シエラ号	191,192
	127,129-131,133-135,138-140,147,149	鹿肉	109,112,113
鯨肉検査員	192	事業場	24,38,41
鯨油	10,48-51,55,56,82	「資源」	8,90,92,98,106,107,109,110
繋留工船	47	資源動員	59,85
鯨漁取締規則	100,101,161	資源動員論	60,85

事項索引　219

自国中心主義	165		
市場経済	108,109	〔タ行〕	
史蹟名勝天然紀念物保存法	92	第一次世界大戦	78,120
実体論的	11,170,192	第一長周丸	31
地引網	65,67	体験知	61
社会運動論	59,60	太地	20,27-29,36,54,183,187
社会学的介入	86	「太地人」	187,195
集合的アイデンティティ	85,88	体長	101,166,167
商業捕鯨	6,13,14,99,184	第二次世界大戦	48,56,95,101,104,
「食のヘゲモニー」	116		119,121,138,165
処理活動	26	大日本捕鯨株式会社	32,62,63
シロナガスクジラ	6,13,21,151,153,159	大洋漁業	145,150-152,174,175
白肉	117,121,125,133,135,138	大洋捕鯨	21,46,49
信仰	73,97,110,136,201	千島	90
『水産界』	165	「乳呑鯨」	100,171-173
水産庁	152,153	中国人	53
水質汚濁	75,83	調査捕鯨	7,13
スナメリ	95-98,107,109-111,164	銚子	33,57,90
スナメリ網代	96-98,110	朝鮮	99,100,102,111
スナメリクジラ廻游海面	95,96,98	朝鮮漁業保護取締規則	102,112
スマトラ拓殖株式会社	21,46	朝鮮漁業令	101
スリップウェー	47	朝鮮漁業令施行規則	101
西欧	116,139	朝鮮人	37,44,45,49,50,53,54
生活常識	61,62,73,78,82-84	朝鮮総督府	101,103,112
政治性	9,11,12,144	朝鮮宝物古蹟名勝天然記念物保存令	
政治的機会構造	59,85		103,104
生物多様性	180	朝鮮半島	4,30,33,34,38,44,50,
「西洋」	19,51,186		53,90,99,103,185,186
隻数	5,100,112,152-154,174	徴兵制	76,78,111
世襲制	28-30,50	千代丸	38,41,42
セミクジラ	12,21,101,155,159	通俗道徳	61,62,76,78,83,84
船員	24,26	ツチクジラ	13
先住民	7,8,139,183,199	「抵抗」	87,88
全体性	18,19,51,186,194	「伝統」	11,76,87,88,186,190,191,
戦略的本質主義	195		194,195,197,200
租借地	31,32,38	「伝統文化」	17-19,51
「ソフト・レジスタンス」	88	天皇	78,84,111

「伝播」	185,186,190,193
『東奥日報』	64,90
道東沖	152,153
道東地域エゾシカ保護管理計画	108
東洋漁業（東洋漁業株式会社）	20,32-34,57,58,63,121
東洋捕鯨（東洋捕鯨株式会社）	20,21,24,45,53,54,57,58,63,74,80, 82,89,103,117-119,139,158,161
土佐	26,29,52,54,118,142
特許	31,32,52
トックリクジラ	13
図南丸	45,49,145
土用	133
鳥附溯釣漁業	97
鶏肉	127

〔ナ行〕

「内地」	100,102,112,174
長崎	20,30,39,53
長崎捕鯨株式会社	20,52,53
ナガスクジラ	13,74,99,160
ナガス油	55
流れ鯨	117
「納屋場」	26,44
南極海	6,21,45,46,48-50,56,82,90, 145,150,162,167,197,198
西大洋漁業統制株式会社	24,112
ニタリクジラ	7,13,14
日常	60-62,73,76,84,87,89,115,131,133,142
日露戦争	32,33,38,44,75,78,120,121
日清戦争	120
日新丸	46,49,90,150,169
日中戦争	48
日東捕鯨株式会社	152
日本遠洋漁業（日本遠洋漁業株式会社）	20,30-32,38,39,53,54,175

日本海洋漁業統制株式会社	24,56,112
日本近海捕鯨株式会社	152
日本小型捕鯨有限会社	153
日本産業株式会社	21,45
日本人	37,39,44,49,50,53,192
「日本人」	51,186,188,195
日本水産（日本水産株式会社）	21,46,56,140,145,152,168,174,175
日本政府	7,12,13,183
日本捕鯨株式会社	21,45,46,49,160
日本哺乳類学会	95,99,111
ニワトリ	147,148
農商務省	31,32,63
農商務省水産局	119,120
ノルウェー	6,31,32,37,45,50,52,53,161,175
ノルウェー式捕鯨	6,20,24,30,31,36,37, 43-45,48-50,54,55,57,89,100, 117,118,128-131,138,141,185
ノルウェー人	4,31,34,37,39,44,49,50,52

〔ハ行〕

覇権	139,170,200
「羽刺」	28-30,37,39,41,53,156,157
『はちのへ』	64,65,90
初鷹丸	52,53
林兼商店	21,46,55,140
バンクーバー島	43,55
ヒゲクジラ	55,74,100
複数	180,182,193,198,200
複数のかかわり	178,196
ブタ	147,148
仏事	136
フレーミング	59,60,85,86
「文化」	8-11,18,19,51,184,186, 188,190,192-195,197,200
文化的多様性	180,189,190,193
ボイラー	47

烽火丸　　　　　　　　　　　　52,53
砲手　　3-5,24,31,34,37,49,52,157,171,172
「奉悼会」　　　　　　　　　　79,188
ホエール・ウォッチング　　　　　　179
ホーム・リンガー商会　　30,31,39,52,54
捕獲活動　　　　　　　　　　　　　26
北洋　　　　　　　　　　　　48,152,153
『捕鯨』　　　　　　　　　　　　　160
「捕鯨オリンピック」　　　　　146,152
捕鯨業管理法　　　　　　　　　　　112
捕鯨工船　　　　　　　　　　38,45,47
捕鯨船数　　　　　　　　　　100,101
『捕鯨船日記』　　　　　　　　　　171
「捕鯨文化」　9,10,17,51,184-186,188-192
捕鯨砲　　　　　　　　　　　　20,46
捕鯨モラトリアム　　　　　　　　　　6
「保全」　　　　　　　　　　92,98,110
母船式漁業取締規則　　　　　　100,101
母船式捕鯨　　10,13,17,21,24,45,46,48-50,
　　　　　　56,90,100,120,162,189,192
「保存」　　　　　　　　　　　　　92
北海道東部　　　　　　　　　　　4,90
ホッキョククジラ　　　　　　　12,185
ボック(支柱)式桟橋　　　　　　　　42
ほてい屋　　　　　　　　　　　　119
「本部」　　　　　　　　　　　　　26
『本邦の諾威式捕鯨誌』　　　　119,158

〔マ行〕

益富組　　　　　　　　　　　　27,56

マッコウクジラ
　　　　　7,13,55,121,145,152,153,166,167,175
マッコウ油　　　　　　　　　　　　55
ミナミトックリクジラ　　　　　　　13
ミハイル号　　　　　　　　　32,38,53
身分制　　　　　　　　　　　　30,50
ミンククジラ　　　6,7,13,14,101,151,185
民俗学的・人類学的　　　　　　18,192
民俗学的・人類学的研究　　　　　　8,9
モラル・エコノミー　　　　　　55,88

〔ヤ行〕

山口県　　　　　　　　　　　30,185
「山見」　　　　　　　　　　26,36,55
養狐事業　　　　　　　　　94,98,111
予審　　　　　　　　　　　　64,89
寄り鯨　　　　　　　　　　　　　117

〔ラ行〕

ラディズム　　　　　　　　　84,85,88
歴史　　　　　　　　　　　　11,12
連続性　　　　　　17-19,51,185,186,194
轆轤　　　　　　　　　　　　43,55
ロシア太平洋捕鯨→ケイゼルリング
　伯爵太平洋捕鯨会社　　30-32,39,53,54

〔ワ行〕

ワシントン条約　　　　　　　　　199
和田浦　　　　　　　　　　　　　183

著者紹介

渡邊　洋之（わたなべ　ひろゆき）
1968年生まれ。2002年、京都大学大学院農学研究科生物資源経済学専攻博士後期課程修了。京都大学博士（農学）。現在、京都大学研修員。専攻、環境史、環境社会学。論文に、「総動員と野生生物―日本におけるヌートリアの移入―」（『科学史研究』No.227　2003年）などがある。

A Historical Sociology of the Whaling Issue: Relationships between
Whales and Human Beings in Modern Japan

捕鯨問題の歴史社会学――近現代日本におけるクジラと人間――

| 2006年9月1日 | 初版第1刷発行 | 〔検印省略〕 |
| 2008年12月10日 | 初版第2刷発行 | ＊定価はカバーに表示してあります |

著者 ©渡邊洋之／発行者 下田勝司　　　　印刷/製本　中央精版印刷

東京都文京区向丘1-20-6　　郵便振替00110-6-37828
〒113-0023　TEL(03)3818-5521　FAX(03)3818-5514
発行所　株式会社 東信堂
Published by TOSHINDO PUBLISHING CO.,LTD.
1-20-6, Mukougaoka, Bunkyo-ku, Tokyo, 113-0023, Japan
E-mail : tk203444@fsinet.or.jp　http://www.toshindo-pub.com/
ISBN978-4-88713-700-4　C3036ⓒ Hiroyuki Watanabe

= 東信堂 =

グローバル化と知的様式——社会科学方法論についての七つのエッセー	ヨハン・ガルトゥング／矢澤修次郎・大重光太郎訳	二八〇〇円
社会階層と集団形成の変容——集合行為と「物象化」のメカニズム	丹辺宣彦	六五〇〇円
世界システムの新世紀——グローバル化とマレーシア	山田信行	三六〇〇円
階級・ジェンダー・再生産——現代資本主義社会の存続メカニズム	橋本健二	三二〇〇円
現代日本の階級構造——理論・方法・計量分析	橋本健二	四五〇〇円
再生産論を読む——バーンスティン、ブルデュー、ボールズ=ギンティス、ウィリスの再生産論	小内透	三二〇〇円
教育と不平等の社会理論——再生産論をこえて	小内透	三二〇〇円
現代社会と権威主義——フランクフルト学派権威論の再構成	保坂稔	三六〇〇円
共生社会とマイノリティへの支援——日本人ムスリマの社会的対応から	寺田貴美代	三六〇〇円
現代社会学における歴史と批判［上巻］——グローバル化の社会学	武川正吾・山田信行	二八〇〇円
現代社会学における歴史と批判［下巻］	片桐新自・丹辺宣彦編	二八〇〇円
ボランティア活動の論理——阪神・淡路大震災からサブシステンス社会へ	西山志保	三八〇〇円
近代資本制と主体性	井上孝夫	二三〇〇円
日本の環境保護運動	長谷敏夫	二五〇〇円
現代環境問題論——理論と方法の再定置のために	井口博充	二三〇〇円
情報・メディア・教育の社会学——批判的カリキュラム理論と環境教育	簀葉信弘	二五〇〇円
BBCイギリス放送協会［第二版］——パブリック・サービス放送の伝統	簀葉信弘	八〇〇円
ケリー博士の死をめぐるBBCと英政府の確執——イラク文書疑惑の顛末	小田玲子	二五〇〇円
サウンドバイト——思考と感性が止まるとき	松浦雄介	二五〇〇円
記憶の不確定性——メディアの病理に教育は何ができるか	松浦雄介	二五〇〇円
日常という審級——社会学的探求——アルフレッド・シュッツにおける他者・リアリティ・超越	李晟台	三六〇〇円

〒113-0023 東京都文京区向丘1-20-6
5TEL 03-3818-5521 FAX 03-3818-5514 振替 00110-6-37828
Email tk203444@fsinet.or.jp URL: http://www.toshindo-pub.com/

※定価：表示価格（本体）＋税